Hadia Hosny

A dexametasona na transdiferenciação dos botões pancreáticos

Hadia Hosny

A dexametasona na transdiferenciação dos botões pancreáticos

ScienciaScripts

Imprint

Cover image: www.ingimage.com

This book is a translation from the original published under ISBN 978-3-659-76316-8.

Publisher:
Sciencia Scripts
is a trademark of
Dodo Books Indian Ocean Ltd. and OmniScriptum S.R.L publishing group

120 High Road, East Finchley, London, N2 9ED, United Kingdom
Str. Armeneasca 28/1, office 1, Chisinau MD-2012, Republic of Moldova, Europe
Managing Directors: Ieva Konstantinova, Victoria Ursu
info@omniscriptum.com

Printed at: see last page
ISBN: 978-620-8-54422-5

ÍNDICE DE CONTEÚDOS

Agradecimentos

Gostaria de agradecer ao Professor David Tosh (meu orientador) por me ter apresentado esta área interessante, por me ter permitido experimentar este projeto fascinante e por ter sido muito flexível comigo durante os Jogos Olímpicos. Gostaria também de agradecer a Caroline Sangan, que foi co-orientadora e nos ajudou durante todo o trabalho de laboratório, e a Yu Chen (Cherry) por ter sido uma mão amiga sempre que necessário.

Gostaria de agradecer à Dra. Momna Hejmadi pela sua orientação e ajuda durante todo o período que passei em Bath para completar o meu mestrado.

Agradeço aos meus parceiros de laboratório Allisen Mc-Bride, Sam Myers e Zhu Hai, que me ajudaram durante a preparação para os Jogos Olímpicos. Gostaria de agradecer a Sneha Ramaswamy e a todos os funcionários do departamento de Biologia e Bioquímica que me ajudaram de várias formas.

Gostaria de enviar o meu amor e apreço extremos para agradecer à minha família que me ajudou ao longo de toda a minha vida a alcançar os meus objectivos e me encorajou a fazer o meu mestrado: o meu pai, a minha mãe e especialmente a minha irmã mais velha que me ajudou a fazer a revisão de provas sempre que necessário.

Finalmente, e o mais importante, gostaria de rezar pela Gaby Miron, a minha professora do 1·
Agradeço a Deus por me ter dado a oportunidade de trabalhar com a Gaby e agradeço à Gaby por ser a minha professora e amiga generosa. Desejo à sua filha angélica uma vida óptima e dedico o trabalho à sua alma.

Lista de abreviaturas

Abbreviation	Description
α-1at	Alpha-1 antitrypsin
AFP	Alpha-1-fetoprotein
APTS	3-aminopropyltriethoxysilane
BME	Basal Medium Eagle
BMP	Bone Morphogenetic Protein
BrdU	5-bromo-2'-deoxyuridine
C/EBP	CCAAT/Enhancer Binding Protein
CPS	Carbamoyl Phosphate Synthetase
Cyp2E1	Cytochrome P450 2E1
DAPI	4',6-diamino-2-phenylindole
Dex	Dexamethasone
Dex-21-P	Dexamethasone 21-phosphate
E (number)	Embryonic day
EGTA	Ethylene Glycol Tetraacetic Acid
FGF	Fibroblast Growth Factor
FITC	Fluoresceinisothiocyanate
GFP	Green Fluorescent Protein
GGT	Gamma Glutamyl Transpeptidase
GRE	glucocorticoid responsive element
GS	Glutamine Synthetase
HNF	Hepatocyte Nuclear factor
KGF	Keratinocyte Growth Factor
MEME	Minimum Essential Medium Eagle
MOPS	3-(N-Morpholino)propanesulfonic acid
PBS	Phosphate Buffer Saline
PCR	Polymerase Chain Reaction
Pdx	Pancreatic and Duodenal Homeobox
PEPCK	Phosphoenolpyruvate carboxykinase
Ptf	Pancreas Specific Transcription Factor
RO	Reverse Osmosis
TAT	Tyrosine Amino-transferase
TFN	Transferrin
TRITC	Tetramethylrhodamine-5-(and 6) isothiocyanate
TTR	Transthyretin
WGA	Wheat Germ Agglutinin
Wnt	Wingless and INT

Resumo

A transdiferenciação é definida como a conversão direta de um tipo de célula diferenciada noutro tipo de célula. Normalmente, a transdiferenciação ocorre em células originárias de células adjacentes no embrião em desenvolvimento. A transdiferenciação também pode ser induzida experimentalmente através da sobreexpressão da expressão de "genes de comutação principais" ou de um único fator de transcrição. É importante estudar o estado de transdiferenciação, uma vez que este será muito útil na conceção de potenciais métodos de terapia celular.

Um exemplo de transdiferenciação é dado por dois tecidos derivados da endoderme, o fígado e o pâncreas. O fígado e o pâncreas surgem da mesma região da endoderme e o seu fenómeno de transdiferenciação foi observado em alguns estudos, como as experiências de Rao e Reddy. Recentemente, os investigadores demonstraram a transdiferenciação de células do pâncreas em células do fígado utilizando um glucocorticoide sintético, a Dexametasona (Dex).

Pretendemos investigar a transdiferenciação de células pancreáticas embrionárias em células semelhantes a hepatócitos utilizando o glucocorticoide sintético Dex. Isolámos botões pancreáticos dorsais de embriões E11.5d e cultivámo-los na ausência e na presença de Dex.

Nos botões pancreáticos tratados com Dex, a ramificação epitelial foi inibida e o aparecimento de células semelhantes a hepatócitos foi induzido. Por imunomarcação, observámos um aumento da expressão de alguns marcadores hepáticos (por exemplo: transferrina (TFN), alfa-1-antitripsina (a-1at) e citocromo P450 2E1 (Cyp2E1) e uma redução dos marcadores pancreáticos (por exemplo: insulina e glucagon) nos tecidos tratados com Dex. No entanto, a amilase foi expressa a um nível semelhante ao dos tecidos de controlo, mas com uma distribuição diferente. Finalmente, através da reação em cadeia da polimerase com transcriptase reversa (PCR), confirmámos o aumento da expressão dos marcadores hepáticos nos tecidos pancreáticos em cultura.

Estes resultados indicam que a dexametasona pode induzir a conversão de células pancreáticas embrionárias em células semelhantes a hepatócitos.

1. Introdução:

Metaplasia

A conversão de um tipo de célula ou de tecido noutro é conhecida como metaplasia (Slack & Tosh, 2001). A metaplasia é uma mudança de tipo de célula que inclui a reprogramação epigenética de um tipo de célula diferente, a combinação da eliminação apoptótica de um tipo de célula, a programação de células estaminais indiferenciadas noutro tipo de célula e a transdiferenciação (Lardon & Bouwens, 2005; Tosh & Slack, 2002).

Em geral, as metaplasias desenvolvem-se em tecidos que são submetidos a uma estimulação anormal ou a um traumatismo crónico e que, consequentemente, sofrem uma regeneração contínua. Algumas das metaplasias de que temos conhecimento são observadas na patologia humana ou são precursoras do cancro (Tosh & Slack, 2002). Em termos moleculares, alguns exemplos de metaplasia são compreendidos, por exemplo, a expressão ectópica do fator de transcrição Cdx2 pode produzir manchas de epitélio intestinal no estômago (Silberg et al., 2002).

As metaplasias podem ter um significado clínico, uma vez que predispõem ao desenvolvimento de cancro, por exemplo, a metaplasia escamosa do brônquio ou a metaplasia intestinal do estômago (Jonathan M W Slack, 2007). A metaplasia pode também estar envolvida em doenças como a metaplasia de Barrett ou esofágica, que é uma alteração anormal do revestimento interno do esófago. O esófago de Barret resulta do refluxo gastro-esofágico e é considerado como o estádio pré-maligno que precede o desenvolvimento do adenocarcinoma (Fléjou, 2005). Células acinares, ilhotas e ductais têm sido hipotetizadas como a célula de origem. Circunstâncias como a maior capacidade de transdiferenciação das células das ilhotas, o ambiente de factores de crescimento e a presença de enzimas metabolizadoras de carcinogéneos nas ilhotas favorecem as células das ilhotas como célula de origem (Pour, Pandey, & Batra, 2003). No entanto, um dos cancros pancreáticos mais comuns e letais, o adenocarcinoma ductal pancreático, pode também ser iniciado por metaplasia (Meszoely, Means, Scoggins, & Leach, 2001; Stanger et al., 2005).

Transdiferenciação

A transdiferenciação é um subconjunto da metaplasia que envolve a conversão de um tipo de célula diferenciada noutro tipo de célula e pode ou não envolver a divisão celular (Jonathan M W Slack, 2007). A transdiferenciação é também conhecida como reprogramação da linhagem genética, uma vez que é um processo em que um tipo de célula progride ao longo de uma linhagem de desenvolvimento específica e se compromete com ela, transformando-se noutro tipo de célula de uma linhagem diferente (Song & Tuan, 2004). Ocorre normalmente entre tipos de células de origens semelhantes ou com uma história de desenvolvimento próxima, que podem diferir na expressão de um único fator de transcrição ou de um "gene interrutor principal", um seletor cuja função no desenvolvimento normal é diferenciar dois tipos de células (Thowfeequ, Myatt, & Tosh, 2007). A diferenciação envolve o desenvolvimento de uma célula precursora não especializada numa célula especializada com estrutura e função (Orive, Hernandez, Gascon, Igartua, & Pedraz, 2003). O estado de diferenciação era conhecido por ser unidirecional, mas agora é óbvio que por vezes pode ser alterado ou invertido (Orkin & Zon, 2008; Tosh & Slack, 2002). Estas alterações surgem frequentemente em caso de lesão crónica dos tecidos e regeneração associada (Shen, Slack, & Tosh, 2000). Este foi descrito pela primeira vez por Eguchi e Kodama em 1993 e inclui: primeiro, analisar em pormenor o estado de diferenciação das células antes e depois da transdiferenciação através de critérios moleculares ou bioquímicos e, em seguida, demonstrar uma relação direta entre os estados diferenciados para provar a linhagem do tipo de célula diferenciada (Kurash, Shen, & Tosh, 2004). O termo "transdiferenciação" foi utilizado na descrição de diferentes fenómenos. Selman e Kafatos introduziram pela primeira vez a transdiferenciação para descrever a transformação da cutícula das células produtoras de cutícula em células secretoras de sal na traça da seda durante a metamorfose da larva para a traça adulta (Selman e Kafatos, 1974). Foi depois utilizado por Okada e Eguchi para descrever a conversão de células epiteliais pigmentadas em fibras do cristalino durante a regeneração do cristalino em anfíbios, conhecida como regeneração Wolffiana, que foi o exemplo mais estudado de transdiferenciação, embora ocorra noutros animais, como os pintos. No processo de regeneração Wolffiana, após a remoção da lente do olho, uma nova lente dorsal é regenerada a partir da íris dorsal (revisto em Tosh & Slack, 2002). Foi utilizado um sistema de cultura de células clonais in-vitro para a demonstração da transdiferenciação. Foram isoladas linhas de células clonais da retina pigmentada de embriões de pinto de 8,5 anos que inicialmente mantinham a capacidade de formar um pigmento. No entanto, muitas células perderam os grânulos de pigmento e diferenciaram-se em estruturas semelhantes a lentes (Eguchi & Okada, 1973).

A utilização da transdiferenciação na terapia celular

Atualmente, existe uma escassez de dadores adequados para transplante em doentes com uma variedade de doenças degenerativas. O desenvolvimento de estratégias de produção de células pode constituir uma alternativa ao transplante de órgãos inteiros. Embora a transdiferenciação seja um acontecimento raro na natureza, a sua compreensão mais pormenorizada pode permitir-nos conceber potenciais métodos para a provocar, por exemplo, activando ou inibindo a expressão de factores de transcrição fundamentais no tecido alvo. Ainda se encontra na fase de investigação, mas se esta progredir, poderemos ser capazes de suprimir a metaplasia prejudicial que predispõe à neoplasia; por exemplo, a metaplasia intestinal do estômago, a metaplasia escamosa dos brônquios e a metaplasia de Barret do esófago. Também podemos utilizar células estaminais mesenquimais da medula óssea para reparar ossos e outros tecidos ou criar uma transdiferenciação útil; por exemplo, reprogramar células do fígado para se tornarem células beta pancreáticas e vice-versa para tratar a diabetes e doentes com insuficiência hepática (Thowfeequ et al., 2007).

Desenvolvimento dos órgãos

O fígado

O fígado é o maior órgão interno e tem importantes funções exócrinas, endócrinas e metabólicas. Algumas funções importantes incluem a produção de bílis, o metabolismo de compostos alimentares, a desintoxicação e a remoção de agentes nocivos, a regulação dos níveis de glicose através do armazenamento de glicogénio e o controlo da homeostase sanguínea através da secreção de factores de coagulação e de proteínas séricas como a albumina (Kurash et al., 2004; Zorn & Children, 2008).

Estudos recentes demonstraram que o fígado se origina de um grupo de células progenitoras na linha média ventral do endoderma do intestino anterior e de duas regiões laterais na E8.5 (Zoe D Burke & Tosh, 2012; Tremblay & Zaret, 2005). Os factores de transcrição são responsáveis pela transdiferenciação e crescimento no desenvolvimento do fígado (Fig.1). A especificação do hepático ocorre depois de os progenitores serem expostos aos sinais da proteína morfogenética óssea (BMP) 2,4,5 e 7 e do fator de crescimento dos fibroblastos (FGF)1, 2 e 8 provenientes das células do mesênquima do septo traversal (STM) e do mesoderma cardíaco (K S Zaret, 1996). Depois de receberem estes sinais, os movimentos morfogénicos permitem a formação do botão hepático por volta do nono dia embrionário (E9.0) e as células hematopoiéticas migram para lá, onde proliferam. A proliferação é seguida de crescimento (E10) à medida que os primeiros hepatoblastos migram em forma de cordão para o septo traversal (Zoe D Burke & Tosh, 2012; F. Lemaigre & Zaret, 2004). O processo pelo qual o hepatoblasto se torna especializado é efectuado por várias vias de sinalização, como a via Notch. A síndrome de Alagille é uma doença genética que afecta o fígado, apresentando uma falta de tamanho e de número de ductos hepáticos, e o knockout do gene Notch em ratinhos apresenta os sintomas da síndrome de Alagille (F. P. Lemaigre, 2009). A sinalização Wnt no endoderma anterior em gástrula e em embriões *de Xenopus* em fase inicial é essencial para manter a identidade do intestino anterior e permitir que o endoderma forme o fígado. Também a ativação tardia da via de sinalização Wnt é importante para o desenvolvimento correto do fígado (Zoe D Burke & Tosh, 2012; McLin, Rankin, & Zorn, 2007).

O pâncreas

O pâncreas é um órgão importante que contém duas populações de células, designadas por células exócrinas e células endócrinas, cada uma com uma função diferente. As células exócrinas incluem as células acinares e ductais, que são responsáveis pela produção de enzimas pancreáticas, tais como amilases, lipases e proteases, e pela sua secreção para o intestino (Slack, 2010). Mist-1 é um fator de transcrição crucial das células exócrinas acinares que actua como regulador-chave da função, identidade e estabilidade das células acinares (GUO Xiaofang, Cheng LU, LIU Yi, FAN Weiwei,

2007). As células endócrinas encontram-se nas ilhotas de Langerhans, segregam hormonas na corrente sanguínea para regular o organismo e, subsequentemente, diferenciam-se nos cinco tipos de células exócrinas (células P, *a, 5,* PP e s). As células P constituem a maioria dos ilhéus, segregam insulina e produzem também um antagonista da insulina chamado amilina. As células a segregam glucagon, as células delta segregam somatostatina (SS), o polipéptido pancreático (PP) é segregado pelas células PP e as células epsilon segregam grelina (Andralojc et al., 2009; Merino, 2001; J Slack, 2010; Zaret & Grompe, 2008). Embriologicamente, o pâncreas é derivado de duas partes epiteliais que são referidas como os botões dorsal e ventral que surgem do intestino anterior e do intestino médio por volta da E9.0 no rato. Mais tarde, ocorre a fusão para formar o órgão único. As células do endoderma ventral que desenvolvem o broto pancreático ventral não possuem a sinalização FGF que induz o desenvolvimento hepático (Bort, Martinez-Barbera, Beddington, & Zaret, 2004).

Na endoderme ocorre a modelação do pâncreas onde se dá a expressão do fator de transcrição Pdx1 (pancreatic and duodenal homeobox gene-1) também conhecido como IPF-1, IDX-1, STF-1 (Hui & Perfetti, 2002; Leonard et al., 1993). Quando mutado, o Pdx1 é inactivado, levando à ausência total do órgão (Fig.1) (Jonsson, Carlsson, Edlund, & Edlund, 1994). A repressão da molécula de sinalização extracelular, sonic hedgehog, ocorre na endoderme dorsal. Esta repressão surge em resposta à sinalização da activina e do FGF a partir da notocorda que desenvolve o botão pancreático dorsal. O desenvolvimento da especificação do pâncreas ventral requer o fator de transcrição Ptfla (fator de transcrição do pâncreas-la), enquanto a especificação dorsal requer o fator de transcrição homeobox Hlxb9. Experiências de rastreio genético estabeleceram que as células pancreáticas exócrinas e endócrinas são derivadas do pool de células epiteliais, que expressam os factores de transcrição Pdx1 (Gu, Dubauskaite, & Melton, 2002; Hebrok, Kim, & Melton, 1998; Lardon & Bouwens, 2005; Merino, 2001) e Ptf1a (Kawaguchi et al., 2002). O mesênquima circundante produz sinais que são críticos para o desenvolvimento pancreático. Os sinais mesenquimais são responsáveis pela regulação da proliferação de células epiteliais pancreáticas imaturas e pela sua diferenciação em tecido exócrino ou endócrino (Scharfmann, 2000). Entre E14 e E17 em ratos embrionários, as células do ducto que expressam HNF1b produzem células endócrinas (Maestro et al., 2003), que expressam o fator de transcrição Ngn-3 (neurogenina-3) (Gu et al., 2002). O Ngn-3 é um fator de transcrição essencial para a determinação dos precursores das células endócrinas (Jacquemin et al., 2000).

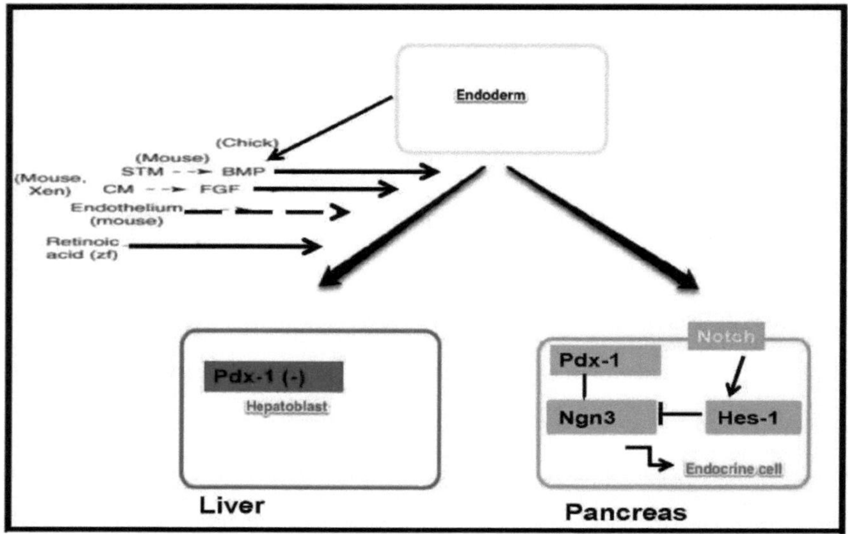

Fig.1. Factores que influenciam a diferenciação da endoderme em fígado e pâncreas. São apresentados os sinais indutores do fígado descobertos no peixe-zebra (zf), no rato, no *Xenopus* (Xen) e na galinha. STM: células do mesênquima do septo transverso; CM: mesoderma cardiogénico (Adaptado de Lemaigre 2004) (F. Lemaigre & Zaret, 2004).

Transdiferenciação do pâncreas para o fígado

O fígado e o pâncreas derivam da mesma região da endoderme intestinal, onde existe um precursor comum para as linhagens hepática e pancreática (Deutsch, Jung, Zheng, Lora, & Zaret, 2001). Dada a estreita relação de desenvolvimento entre o fígado e o pâncreas, não é surpreendente que as células pancreáticas possam transdiferenciar-se em hepatócitos. Um exemplo bem documentado de transdiferenciação é o aparecimento de hepatócitos no pâncreas de uma dieta deficiente em cobre ou após o transplante de células epiteliais e nos ratinhos transgénicos que sobre-expressam o fator de crescimento dos queratinócitos (KGF) nas ilhotas de Langerhans (Krakowski et al, 1999; Rao et al., 1988; Rao, Subbarao, & Reddy, 1986). O regime de deficiência de cobre resultou na destruição das células pancreáticas acinares, seguida da proliferação de células epiteliais ductais e ovais (Fig. 2). Após a reintrodução de cobre na dieta, 60% ou mais do pâncreas continha células semelhantes a hepatócitos que expressavam albumina (Rao et al., 1986).

A transdiferenciação de células pancreáticas em células semelhantes a hepatócitos foi induzida quando os botões pancreáticos dorsais foram isolados de embriões de ratinho E11.5 e cultivados com o glucocorticoide sintético Dexametasona (Dex) em lâminas revestidas de fibronectina (Shen et al., 2000).

Noutra experiência, a transdiferenciação das células pancreáticas em células semelhantes a hepatócitos foi observada in vitro na linha celular pancreática AR42j-B13 de um rato, quando tratada com Dex. As proteínas expressas pelos hepatócitos, como a albumina, a transferrina, a a-1 antitripsina, a transtirretina, a glucose-6-fosfatase e outros marcadores específicos do fígado, foram expressas após três semanas de tratamento (Fig.2.). A microscopia mostrou que as células estavam a desenvolver caraterísticas típicas dos hepatócitos. A análise da linhagem demonstrou que as células semelhantes a hepatócitos tinham surgido a partir de células exócrinas pancreáticas (Shen et al., 2000).

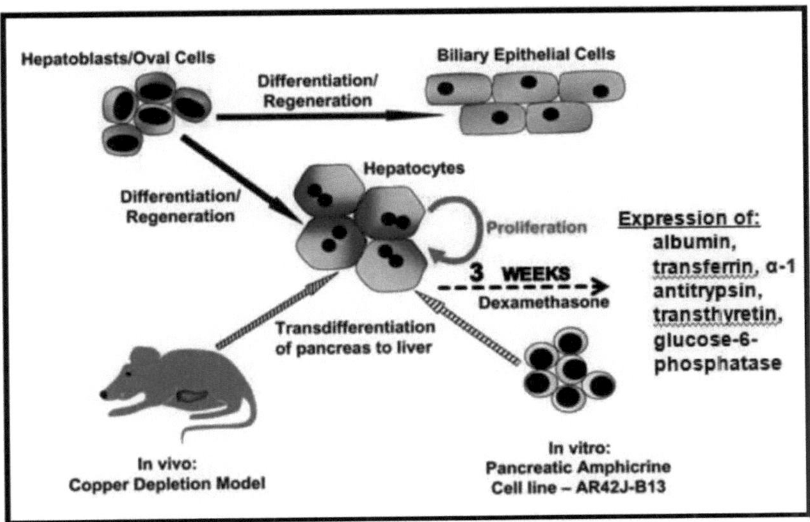

Fig.2. Diagrama que mostra a geração de hepatócitos a partir de células embrionárias e adultas através do desenvolvimento normal, da regeneração e da transdiferenciação. Durante o desenvolvimento normal do fígado, os hepatócitos e as células epiteliais biliares são gerados por diferenciação de hepatoblastos embrionários. Em condições de regeneração, tanto as linhagens de hepatócitos como as de ductos biliares surgem a partir de células ovais, a progenitura da célula estaminal hepática putativa. Os hepatócitos também podem ser gerados a partir de tipos de células pancreáticas: quer através do tratamento de ratos com uma dieta

deficiente *em* cobre *in vivo*, quer através do tratamento da linha de células pancreáticas AR42J-B13 com 1 pM de dexametasona *in vitro*. Após três semanas de tratamento da linha de células pancreáticas anficrinas AR42J-B13 com dexametasona, são expressas proteínas como a albumina, a transferência, a-1 antitripsina, a transtirretina, a glucose-6-fosfatase e outros marcadores hepáticos específicos (Adaptado de (Zoë D Burke, Thowfeequ, Peran, & Tosh, 2007).

Dexametasona (Dex)

O Dex é o glucocorticoide sintético utilizado para tratar o fígado e os botões pancreáticos no laboratório de Tosh. O Dex é um agonista dos receptores de glucocorticóides conhecido por afetar as respostas inflamatórias, a proliferação celular e a diferenciação nos tecidos alvo (Cole, 2006). O grupo de Tosh utilizou Dex em estudos anteriores para transdiferenciar a linha celular pancreática em células semelhantes a hepatócitos, induzindo até oito marcadores específicos do fígado através da imunomarcação com anticorpos específicos. O 21-fosfato de dexametasona (Dex-21-P), que se metaboliza em Dex quando injetado, foi também utilizado para induzir a transdiferenciação de células pancreáticas em células semelhantes às hepáticas in vivo em ratos adultos. Os ratos foram injectados de três em três dias e, após 25 dias, algumas células acinares do pâncreas começaram a exprimir dois marcadores hepáticos, a Carbamoil Fosfato Sintetase (CPS) e a Glutamina Sintetase (GS) (Wallace, Marek, Currie, & Wright, 2009).

Os investigadores confirmaram que o Dex persuade os receptores de glucocorticóides através de uma via molecular para ativar os genes alvo de diferenciação do fígado (Peran, Marchal, Rodriguez-Serrano, Alvarez, & Aranega, 2011; Shen, Horb, Slack, & Tosh, 2003).

Objetivo

Uma vez que o tratamento com Dex promove a transdiferenciação de células pancreáticas em células semelhantes a hepatócitos, o objetivo deste projeto foi investigar o tratamento com Dex na indução da transdiferenciação de células pancreáticas embrionárias de ratinho em células semelhantes a hepatócitos. Para este efeito, utilizámos duas técnicas para investigar o fenótipo das células de controlo e das células tratadas com Dex (i) imunocoloração e (ii) PCR.

2. Materiais e métodos

Reagentes e soluções:

O Dex foi preparado com uma concentração de reserva de 1 mM, a concentração de trabalho foi de 1 pM, a diluição em BME foi de 1:1000 e durante o período de cultura foram utilizados 2 ml de meio. O meio de dissecção Minimum Essential Medium Eagle (MEME) contém 10% de soro fetal de bovino da Gibco/Invitrogen, 2mM de L-glutamina da Sigma, 50pg/ml de Gentmycin da Gibco/Invitrogen e 4% de Fungizone. A dexametasona e o MEME foram ambos obtidos da Sigma Chemical Co (St. Louis, MO). O meio de cultura Basal Medium Eagle (BME) da Sigma contém 10% de soro fetal de bovino da Gibco/Invitrogen, 2mM L-glutamina da Sigma, 50pg/ml de Gentamicina da Gibco/Invitrogen e 4% de Fungizona. Solução diluída de fibronectina (Invitrogen) a 0,5mg/ml em 1,8ml de água MilliQ e 0,2ml de ureia 8M. A concentração final foi de 50 pg/ml em água MilliQ. Fixador MEMFA composto por 3,8% (vol/vol) de formaldeído, 0,15 mol/I de ácido 3-(N-Morfolino)propanossulfónico (MOPS), 2mmol/l de ácido etilenoglicol tetraacético (EGTA), 1mM/l de $MgSO_4$ pH 7,4.

O Triton x-100 foi utilizado a 1% v/v em água MilliQ e foi obtido da Sigma. O tampão de bloqueio foi obtido da Roche sob a forma de pó e foi dissolvido até uma concentração final de 10% em tampão de ácido maleico (100 mM ácido maleico, 150 mM Nacl, pH 7,5), foi autoclavado e depois armazenado a -20°C e diluído antes da utilização a 2% em tampão fosfato salino (PBS).

Isolamento de botões de órgãos de embriões de ratinhos E11.5:

O fígado e os botões pancreáticos dorsais foram isolados de embriões de ratinhos com 11,5 dias de idade (E11.5), seguindo as diretrizes de dissecção definidas por Burke et al (2010). Todos os embriões foram colhidos da mesma forma em ratinhos fêmeas prenhes. Em primeiro lugar, o útero foi localizado e, utilizando uma tesoura afiada, foram efectuados cortes na base do útero e em cada extremidade para remover o útero. Os embriões foram separados uns dos outros e, em seguida, o tecido uterino, juntamente com o tecido embrionário extra, foi removido com uma pinça.

No primeiro dia, marcado como Dia 0, as dissecções dos embriões foram efectuadas num microscópio de dissecção Leica em placas de 35 mm contendo MEME. Foram utilizados dois pares de pinças e uma agulha de tungsténio afiada para remover os botões, deixando o tronco com os órgãos internos. Um par de pinças foi utilizado para segurar o embrião e o outro para abrir o embrião ao longo do lado direito do tecido dérmico. A derme foi retirada para expor os órgãos em desenvolvimento que podem ser removidos usando o coração para os afastar. O fígado foi removido cuidadosamente e dissecado em pequenos pedaços para ser adequado para a cultura. Por fim, o botão pancreático dorsal foi removido da base do estômago e do duodeno estreitamente ligado, utilizando pinças finas e uma agulha de tungsténio.

Cultura de botões de órgãos embrionários:

Antes de cultivar os tecidos, as lamelas revestidas com fibronectina foram preparadas lavando-as em água quente com sabão, enxaguando-as em água quente e depois em água de osmose inversa (RO). Foram lavadas em etanol e depois colocadas em 3-trietoxisililpropilamina (APTS) a 2% em acetona durante 10 minutos. As lamelas foram mergulhadas em acetona duas vezes, durante 10 segundos cada, seguidas de água de reação direta durante mais 10 segundos. As lamelas foram secas ao ar antes de serem embrulhadas em folha de alumínio e cozidas durante 3 horas a 180 °C, tendo depois arrefecido antes de serem revestidas com fibronectina. As lamelas esterilizadas foram colocadas em pratos de 35 mm. A fibronectina foi colocada no centro de cada lamela "subbed" e deixada a secar antes de ser armazenada a 4°C até ser utilizada.

Colocaram-se anéis de clonagem estéreis sobre a região revestida de fibronectina da lamela e adicionaram-se 2 ml de BME no exterior do anel de clonagem e 3 gotas no interior. Utilizando uma pipeta com a extremidade de um corte Gilson, o fígado e os botões pancreáticos dorsais foram pipetados individualmente no interior dos anéis de clonagem, posicionando a extremidade cortada dos botões pancreáticos em contacto com a lamela revestida de fibronectina. Os tecidos cultivados foram incubados durante 24 horas para permitir uma boa fixação à fibronectina antes de mudar o meio.

Os anéis de clonagem foram retirados e foram tiradas fotografias com um microscópio invertido Leica DMIRB. As culturas de tecidos foram separadas em 2 grupos de controlos e Dex aleatoriamente. Os controlos foram cultivados apenas em 2 ml de BME, enquanto o grupo tratado com Dex foi cultivado em 2 ml de BME mais 1 pM de Dex. Os meios foram mudados diariamente utilizando uma técnica asséptica no interior da capela de fluxo, pulverizando o equipamento utilizado com etanol para evitar que as culturas fossem infectadas. Foram tiradas fotografias diárias nas mesmas condições durante o período de cultura de 7 dias, a fim de efetuar comparações. Durante os 7 dias, as culturas foram incubadas a 37°C.

Fixação de tecidos e imunocoloração:

Depois de cultivar os tecidos durante 7 dias e de estes começarem a retrair-se, os tecidos foram fixados em preparação para a coloração imunológica. A fixação foi efectuada em fixador MEMFA à temperatura ambiente durante 30 minutos, após lavagem 3 vezes com PBS. Os tecidos foram lavados novamente 3 vezes com PBS antes de serem armazenados em PBS a 4°C até à coloração imunológica.

Foi efectuada uma imunocoloração indireta nas culturas de tecidos. As culturas de fígado e pâncreas foram coradas para marcadores hepáticos e pancreáticos. As células foram permeabilizadas com TRITON X-100 a 1% durante 20 minutos, depois lavadas 3 vezes com PBS durante 15 minutos cada, antes de se adicionar tampão de bloqueio durante 1 hora. As lamelas foram colocadas em tampas eppendorf em placas de 35 mm e os anticorpos primários, diluídos em tampão de bloqueio, foram adicionados durante uma hora (ver Quadros 1 e 2 para pormenores sobre diluições e fontes de anticorpos).

Os tecidos foram lavados três vezes com PBS durante 15 minutos e levados para um local escuro. As lamelas foram colocadas em tampas eppendorf e, em seguida, foram adicionados os anticorpos secundários diluídos em tampão de bloqueio e deixados em repouso durante uma hora (Quadro 3). Este anticorpo secundário foi o primeiro dos dois anticorpos secundários adicionados para os grupos de dupla coloração, mas teve de ser adicionado separadamente para evitar reacções cruzadas. Em ambos os grupos, os anticorpos anti-coelho marcados com FITC (fluoresceinisotiocianato), que coram a amilase, foram adicionados em primeiro lugar, uma vez que iriam reagir de forma cruzada com os anticorpos anti-porco-da-índia marcados com TRITC (tetrametilrodamina-5-(e 6)-isotiocianato). As lamelas foram lavadas três vezes com PBS durante 15 minutos de cada vez e, em seguida, aos grupos de dupla coloração foram adicionados os segundos anticorpos secundários TRITC, que coram a insulina, durante uma hora e, depois, mais três lavagens com PBS durante 15 minutos.

O corante nuclear DAPI (4 6-diamino-2-fenilindol) foi diluído a 1:1000 em PBS e adicionado a todos os tecidos durante 20 minutos antes de três lavagens rápidas. As lamelas foram montadas em lâminas de vidro após adição de uma gota de meio de montagem Mowiol (Calbiochem) e deixadas a secar durante a noite numa sala escura.

Quadro 1: Marcadores pancreáticos primários (dupla coloração) utilizados para corar marcadores pancreáticos. Anti-espécie indica a espécie a partir da qual o imunogénio utilizado foi obtido para produzir o anticorpo. A espécie indica a espécie na qual o imunogénio foi injetado para produzir os anticorpos. A diluição refere-se à diluição a que foram utilizados e ao fabricante do qual os anticorpos foram fornecidos

Antibody	Supplier	Species	Dilution(in Blocking Buffer)
Anti-Human α-amylase	Sigma	Rabbit	1:200
Anti-Human Glucagon	Sigma	Mouse	1:300
Anti-Bovine Insulin	Sigma	Guinea Pig	1:200

Tabela 2. Marcadores hepáticos primários utilizados para corar os marcadores hepáticos. Anti-espécie indica a espécie a partir da qual o imunogénio utilizado foi obtido para produzir o anticorpo. Espécie indica a espécie na qual o imunogénio foi injetado para produzir os anticorpos. A diluição refere-se à diluição a que foram utilizados e ao fabricante do qual os anticorpos foram fornecidos

Antibody	Supplier	Species	Dilution (in Blocking Buffer)
Transferrin	Dako	Rabbit	1:100
Alpha-1aT	Sigma	Rabbit	1:100
CYP2E1	Magnus Ingelman-sundberg	Rabbit	1:100
TTR	Dako	Rabbit	1:100
Anti-Human Alpha Fetoprotein (AFP)	Dako	Rabbit	1:100

Tabela 3. Anticorpos secundários. A espécie indica a espécie na qual o imunogénio foi injetado para produzir os anticorpos Os anticorpos secundários ligam-se aos anticorpos primários. Se o anticorpo primário utilizado foi produzido em coelho, o anticorpo secundário utilizado é o anti-coelho. São todos fabricados pela Vetor e têm uma diluição de 1:200

Antibody	**species**	**Fluorophore**	**Max Excitation(nm)**	**Max Emission(nm)**	**Colour**
Anti-Rabbit	Goat	FITC	490-500	510-520	Green
Anti-Guinea Pig	Rabbit	TRITC	595-604	606-615	Red
Anti-mouse	Horse	FITC	490-500	510-520	Green
Anti-Mouse	Horse	AMCA	345-355	448-454	Blue

Microscopia fluorescente:

Utilizando um microscópio fluorescente Leica DMRB, foram tiradas fotografias de cada cultura imunomarcada. Todas as fotografias foram tiradas nas mesmas condições para comparar os resultados entre os diferentes tratamentos.

Transcriptase reversa Reação em cadeia da polimerase (RT-PCR):

Utilizando o reagente TRI, o ARN total foi extraído. Os botões hepáticos e pancreáticos foram isolados de embriões de ratinho de 11,5 dias, tal como descrito anteriormente. Os tecidos foram cultivados durante 6 dias em dois grupos com ou sem o tratamento com Dex 1pM, mudando os meios todos os dias. Diretamente na placa de cultura, foi adicionado 1 ml do reagente TRI para lisar as células. O lisado celular foi passado várias vezes por uma pipeta para formar um lisado homogéneo. O lisado foi recolhido após homogeneização e transferido para um eppendorf estéril de ARN marcado. Os tubos foram deixados durante cinco minutos à temperatura ambiente e, em seguida, foram adicionados 200 ml de clorofórmio a cada um dos tubos. Os tubos foram agitados vigorosamente durante 15 segundos e deixados em repouso durante 15 minutos à temperatura ambiente. Os tubos foram então centrifugados a 12.100 *g* x g durante 15 minutos a 4°C. Transferir a fase aquosa para um novo tubo e adicionar 500 ml de isopropanol, misturar e deixar a amostra repousar durante 5 a 10 minutos à temperatura ambiente. O tubo foi centrifugado novamente a 12.100 *g* durante 10 minutos a 4°C. O sobrenadante foi removido e o sedimento de ARN foi lavado com etanol a 75%. O sedimento de ARN foi seco durante 10 minutos num bloco térmico à temperatura ambiente, dissolvido em água e depois armazenado a - 80°C.

As amostras de ARN foram digeridas em RQ-1 DNase antes de se proceder à síntese do ADNc para remover qualquer ADN genómico contaminante. A primeira cadeia de ADN complementar foi sintetizada utilizando a transcriptase reversa SuperScript II (Invitrogen). A amplificação por PCR foi efectuada utilizando 1 pl de cDNA, ReddyMix™ Master Mix (ABgene) e os primers foram concebidos utilizando o software **primer3plus** e fornecidos pela (Invitrogen) (Tabela 4.).

As reacções foram processadas num termociclador de ADN de acordo com as seguintes condições

denaturation at 94°C for 1min
annealing at 56°C for 1 min — 30 cycles except for β-actin 27 cycles
extension at 72°C for 10 min.

Eletroforese em gel e análise microscópica:

A eletroforese em gel foi realizada para separar os produtos da PCR e verificar se a PCR gerou o fragmento de ADN previsto em comparação com uma escada. O gel de agarose a 1-2% foi preparado dissolvendo 1,5 g de agarose/100 ml de tampão de eletroforese. Aqueceu-se e adicionou-se brometo de etídio 1pM /50 ml ao frasco antes de o verter para o tabuleiro e deixar repousar. O gel de agarose foi colocado num tanque de gel onde as amostras foram carregadas. O Alphalmager 3400 é utilizado para obter os resultados de imagem da PCR; trata-se de um sistema multifuncional de deteção de gel e imagem.

Primers	Sequence (5'→3')	Temp. (C°)	Expected Amplicon Product size(bp)
GGT ms F	TGCAGGCTACCCAGTAGGAT	56	545
GGT ms R	TTCTTCCACCACATGACGGG	56	
Transferrin ms F	CTGTGGCTGTGGTAAAGAAG	56	403
Transferrin ms R	GTATTGTCAAGGCAGAGCAG	56	
AFP ms F	AAGCCCTGTGAACTCTGGTA	56	326
AFP ms R	ACTTTGGACCCTCTTCTGTG	56	
GS ms F	TTTATCTTGCATCGGGTGTG	56	263 (genomic 646)
GS ms R	TTGATGTTGGAGGTTTCGTG	56	
Albumin ms F	GCAGAGGCTGACAAGGAAAG	58	183
Albumin ms R	TTCTGCAAAGTGAGCATTGG	58	
TAT ms F	CGTAATCCAGACGAATGTCAA	58	325
TAT ms R	AGATGGGGCATAGCCATTGTA	58	
PEPCK ms F	TGGCTACGTCCCTAAGGAA	58	132
PEPCK ms R	GGTCCTCCAGATACTTGTCGA	58	
CPSI ms F	TGAGTGGGTCTGCCATGAAC	56	328
CPSI ms R	TGGACATTGAATGGCCCAGA	56	
Amylase ms F	GGGAGGACTGCTATTGTCA	56	241
Amylase ms R	CATTGTTGCACCTTGTCACC	56	
Glucagon ms F	GCACATTCACCAGCGACTAC	56	328
Glucagon ms R	CTGGTGGCAAGATTGTCCAG	56	
Insulin ms F	CCCTGCTGGCCCTGCTCTT	56	278
Insulin ms R	AGGTCTGAAGGTCACCTGCT	56	
β-actin ms F	AAGAGCTATGAGCTGCCTGA	56	160 (genomic 225)
β-actin ms R	TACGGATGTCAACGTCACAC	56	

Tabela 4. Tabela que mostra a sequência de cada primer, a temperatura e o tamanho do produto. Todos os ciclos foram de 30 ciclos, exceto para a B-actina, que foi de 27 ciclos. A GGT foi desenhada por mim, a TFN por Sam Myers, a GS por Zhou Hai e a AFP por Allisen McBride utilizando o software primer3plus.

3. Resultados

Cultura de tecidos

Análise morfológica do pâncreas:

Os botões pancreáticos dorsais foram isolados de embriões de ratinho de 11,5 dias. Os botões aderem ao substrato de fibronectina em poucas horas e, durante os primeiros dias, vão-se achatando gradualmente.

Controlo dos botões pancreáticos embrionários:

O controlo mostra estruturas epiteliais ramificadas. No primeiro dia, as células epiteliais estavam rodeadas por células do mesênquima, onde não se viam ramificações (Fig.3). No segundo dia, começaram a surgir ramos no epitélio. No quarto dia, as células epiteliais tinham formado ramos na maioria das direcções, que estavam rodeados por mesênquima. Aos 5 e 6 dias, os ramos estavam a crescer muito bem. Após sete dias, os ramos estavam bem formados e alguns aglomerados de células que poderiam ser células acinares foram vistos nas pontas dos ramos.

Tratamento com glucocorticóides dos botões pancreáticos embrionários:

O Dex inibe a ramificação e são induzidas algumas células semelhantes a hepatócitos na cultura de botões pancreáticos. No primeiro dia, não se verificou qualquer diferença entre o fenótipo dos botões pancreáticos tratados com Dex e os do controlo, uma vez que o Dex foi adicionado nesse dia (Fig.4). No segundo dia, não se verificou qualquer ramificação epitelial em comparação com o controlo. No quarto e quinto dias, ainda não havia ramificações, mas apareceu uma mancha escura no centro do tecido e desenvolveram-se regiões achatadas no meio. Ao sexto dia, as células apresentavam uma forma irregular evidente e um aspeto escuro. Após sete dias, continuava a não haver ramificação e o tratamento com Dex induziu uma alteração morfológica das células pancreáticas, semelhante à dos hepatócitos e que pode ter sido semelhante à dos hepatócitos.

Análise morfológica do fígado:

Controlo dos botões hepáticos embrionários:

As células epiteliais espalham-se e migram para fora do tecido. No primeiro dia, as células epiteliais tinham começado a achatar-se após a migração para fora do tecido, formando uma "auréola" de células à volta do botão e rodeadas por uma grande área de células mesenquimatosas (Fig. 5). No segundo dia, o tamanho da auréola aumentou devido à migração de mais células epiteliais. No quarto dia, as células do fígado continuam a espalhar-se e a achatar-se. Aos cinco e seis dias, o aspeto escuro do halo no meio começou a desaparecer. Após sete dias, a maioria das células epiteliais tinha migrado para o exterior, aumentando ainda mais o tamanho da auréola e provocando a perda do seu aspeto.

Tratamento com glucocorticóides de botões hepáticos embrionários:

Os hepatócitos maduros aparecem no tecido hepático após o tratamento com Dex.

No primeiro dia, os tecidos tratados com Dex eram semelhantes aos do controlo, sem qualquer alteração do fenótipo (Fig. 6). No segundo dia, registou-se um ligeiro aumento do tamanho da auréola à medida que o epitélio migrava e se espalhava. Após quatro dias, as células do fígado continuaram a espalhar-se. Ao quinto dia, o halo tinha-se alargado ainda mais e o botão apresentava um fenótipo semelhante ao do controlo. No sexto dia, começaram a aparecer alguns vacúolos e o Dex induziu algumas células que podem ter sido hepatócitos maduros, uma vez que tinham uma forma irregular com grandes

núcleos e rodeados por células epiteliais de forma aleatória. Após sete dias de tratamento com Dex, o aspeto de auréola começou a diminuir e notaram-se mais vacúolos, especialmente à volta do bordo do botão em crescimento, e os hepatócitos estavam a crescer muito bem.

Tecido pancreático de controlo

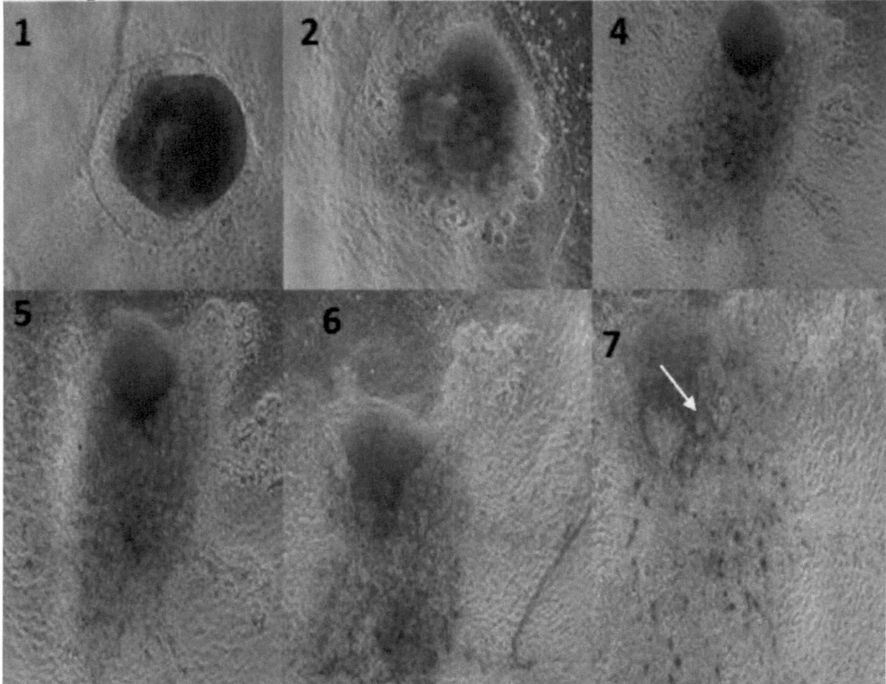

Fig.3.O crescimento da cultura de pâncreas embrionário de controlo. Após a dissecção dos embriões de ratinho 11.5, o botão pancreático foi cultivado numa BME de fibronectina durante 7 dias. (1, 2, 4, 5, 6 e 7 referem-se aos números dos dias. Dia 1. As células epiteliais dos botões estavam rodeadas por mesênquima. Dia2. Os ramos começaram a emergir. Dia4. Os ramos estão a crescer na maioria das direcções. Dias 5 e 6. Os ramos estão a crescer. Dia 7. Ramos bem formados e a (seta branca) refere-se ao acinuslike no topo dos ramos. Todas as imagens foram tiradas com uma ampliação de 1Qx.

Pâncreas tratado com Dex

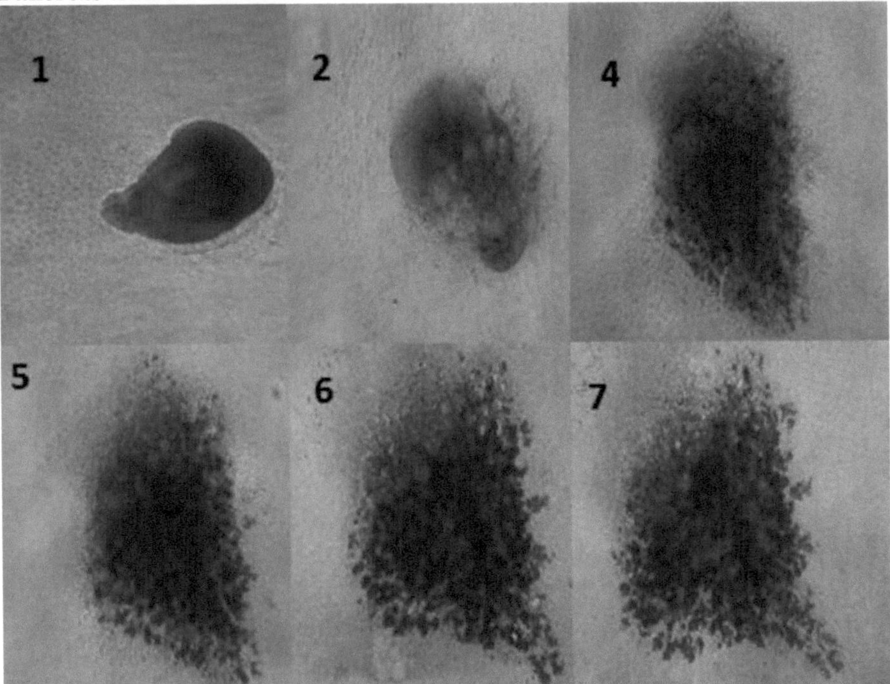

Fig.4.O crescimento da cultura de pâncreas embrionário tratado com dexametasona. Após a dissecção dos embriões de ratinho 11.5, o botão pancreático foi cultivado numa BME de fibronectina durante 7 dias. (1, 2, 4, 5, 6 e 7 referem-se aos números dos dias. Dia 1. O tecido era semelhante ao do controlo, com o início da ramificação, tendo sido adicionado 1pm de Dex nesse dia. Dia2. Sem ramificação epitelial. Dia 4 e 5. Sem ramificação, aparecimento de manchas escuras e regiões achatadas no centro. Dia6. Sem ramificação, aumento do aparecimento de forma irregular e manchas escuras. Dia7. Sem ramificação e aparecimento de células semelhantes a hepatócitos. Todas as imagens foram tiradas com uma ampliação de 10x.

Controlo Tecido hepático

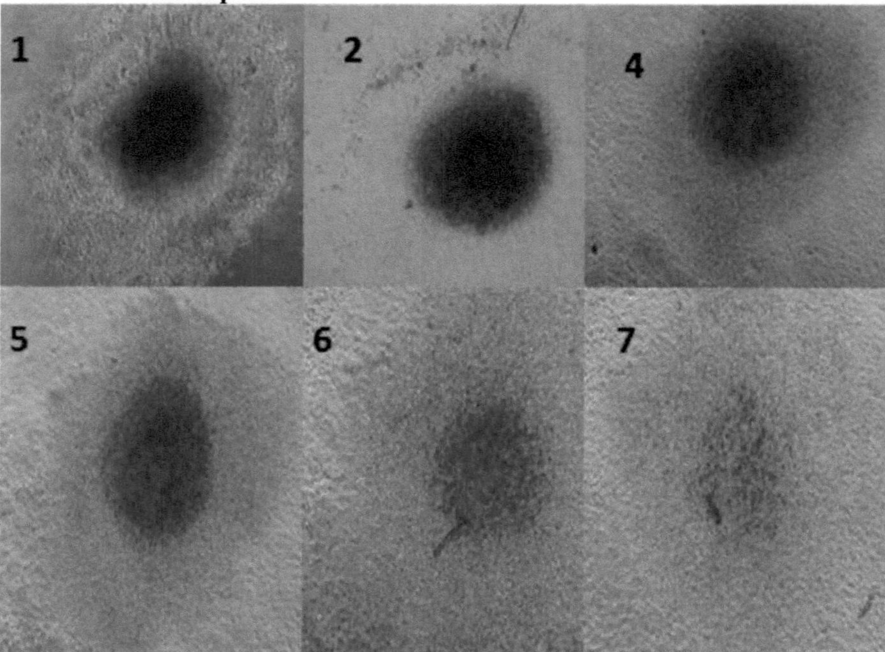

Fig.5. O crescimento da cultura de fígado embrionário de controlo. Após a dissecção dos embriões de ratinho 11.5, os botões de fígado foram cultivados numa BME de fibronectina durante 7 dias. (1, 2, 4, 5, 6 e 7 referem-se aos números dos dias). Dia 1. As células epiteliais tinham começado a migrar para o exterior e a achatar-se, formando um halo de células rodeado por mesênquima. Dia 2. Havia mais células epiteliais a migrar, o que levou ao aumento do tamanho da auréola. Dia 4. As células do fígado espalharam-se e achataram-se mais. Dia 5 e 6. O halo alargou-se ainda mais e o aspeto escuro começou a desaparecer. Dia 7. Mais migração do epitélio e perda do aspeto de "Halo". Todas as imagens foram tiradas com uma ampliação de 1Qx.

Fígado tratado com Dex

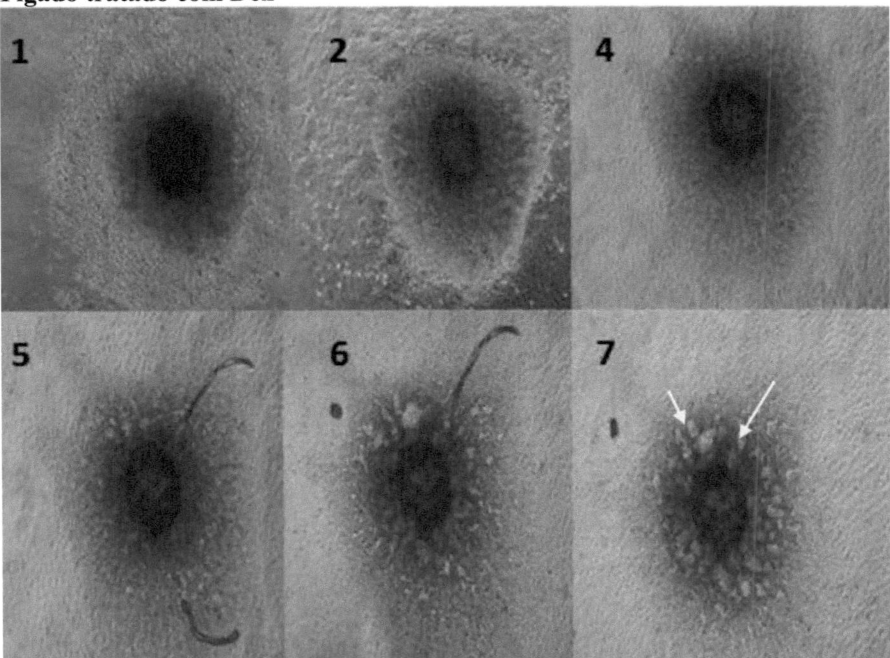

Fig. 6: Crescimento da cultura de fígado embrionário tratado com dexametasona. Após a dissecção dos embriões de ratinho 11.5, o botão de fígado foi cultivado numa BME de fibronectina durante 7 dias, tendo sido adicionada 1pm de Dex no Dia 1. (1, 2, 4, 5, 6 e 7 referem-se aos números dos dias. Dia 1, 2, 4 e 5. O botão tratado com Dex tinha um fenótipo semelhante ao do controlo através da cultura, onde se verificou a propagação e migração para fora do tecido e o aparecimento de Halo. Dia 6. Aparecimento de alguns vacúolos com a hipótese de serem células semelhantes a hepatócitos. Dia 7. Apareceram aglomerados de células de hepatócitos maduros (seta branca). Todas as imagens foram tiradas com uma ampliação de 1Qx.

Resultados da RT-PCR:

Estávamos interessados em saber se o pâncreas tratado com Dex poderia induzir a expressão de alguns marcadores hepáticos, como a GGT e a GS. Por conseguinte, concebemos alguns dos primers e utilizámo-los na análise por PCR. O quadro 5 apresenta um resumo dos resultados.

Pâncreas (Fig.7):

Foi efectuada uma análise RT-PCR para AFP, TFN, TAT, CPS, PEPCK, GGT, glucagon, insulina e amilase com ou sem Dex 1pM. A AFP, a TFN, a TAT, a CPS, a GGT, a GS e a amilase foram mais induzidas nas amostras tratadas com Dex do que nos controlos. A PEPCK não foi expressa no controlo nem no Dex. O glucagon foi expresso no controlo um pouco mais do que na amostra tratada com Dex. A insulina foi mais elevada no controlo do que no Dex.

Fígado (Fig.8):

Foi efectuada uma análise RT-PCR para a albumina, AFP, TFN, TAT, CPS, PEPCK e GGT com ou sem Dex 1pM. A albumina, a TFN, a TAT, a CPS e a PEPCK foram mais induzidas nas amostras tratadas com Dex do que nos controlos. A AFP e a GGT apresentam uma maior expressão nas amostras de controlo do que nas amostras tratadas com Dex.

[A 3-actina é uma referência com igual concentração tanto no controlo como no Dex.

Marker	**Control P**	**Dex P**	**Control L**	**Dex L**
Albumin	Not tested	Not tested	+	++
AFP	+	++	++	+
TFN	+	++	+	++
TAT	+	++	+	++
CPS	+	++	+	++
PEPCK	-	-	+	++
GGT	+	++	++	+
GS	+	++	Not tested	Not tested
Glucagon	++	+	Not tested	Not tested
Amylase	+	++	Not tested	Not tested
Insulin	++	+	Not tested	Not tested

Tabela 5. Resumo dos resultados de RT-PCR de células pancreáticas e hepáticas. ++ expressões altas expressões baixas, - não expressas

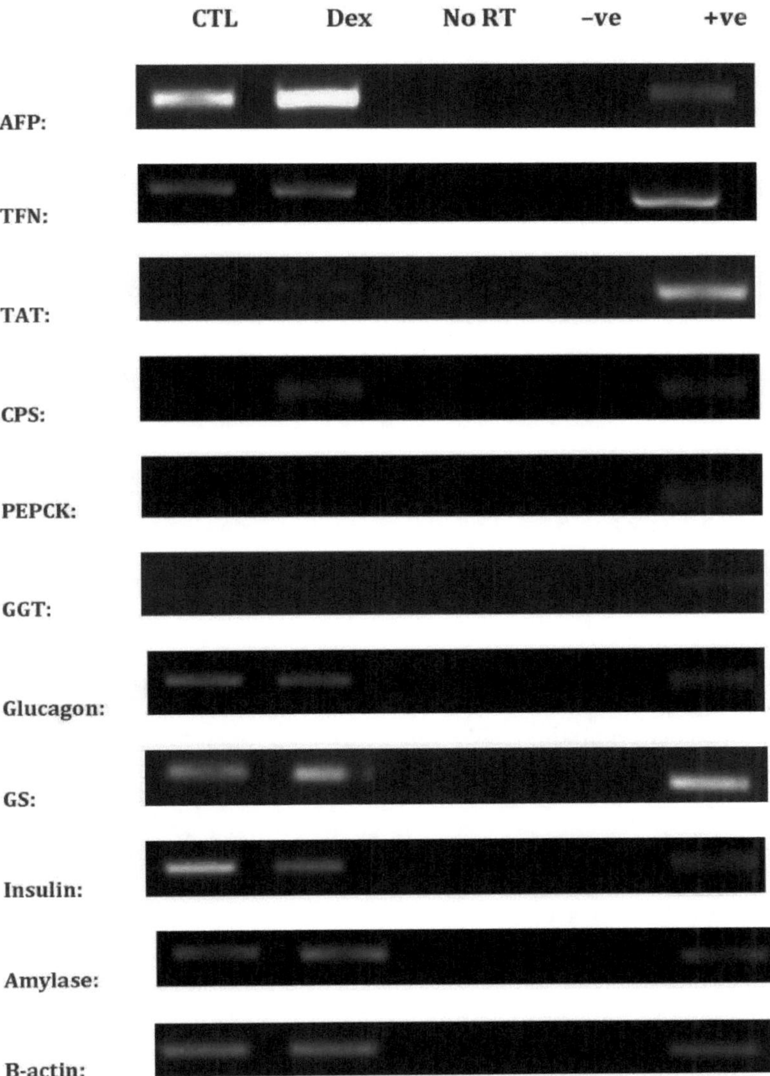

Fig.7.Análise RT-PCR do ARNm que mostra a expressão dos marcadores numa amostra de células pancreáticas (AFP, TFN, TAT, CPS Glucagon Insulina, PEPCK, GGT, Glucagon, Insulina, Amilase) com ou sem 1pm de Dexametasona. A AFP, a TFN, a TAT, a CPS, a GGT, a GS e a amilase foram mais induzidas nas amostras tratadas com Dex do que nos controlos. A PEPCK não foi expressa nas amostras de controlo ou tratadas com Dex. O glucagon foi expresso no controlo um pouco mais do que na amostra tratada com Dex. A insulina foi obviamente mais elevada nas amostras de controlo do que nas amostras tratadas com Dex. A p-actina foi uma referência com igual concentração nas amostras de controlo e tratadas com Dex. CTL refere-se aos controlos, Dex refere-se ao tratamento com Dex, No RT significa Sem transcriptase reversa, -ve é o controlo negativo e +ve é o controlo positivo. A PCR foi realizada conforme descrito na secção Materiais e métodos, utilizando alguns dos iniciadores por nós concebidos.

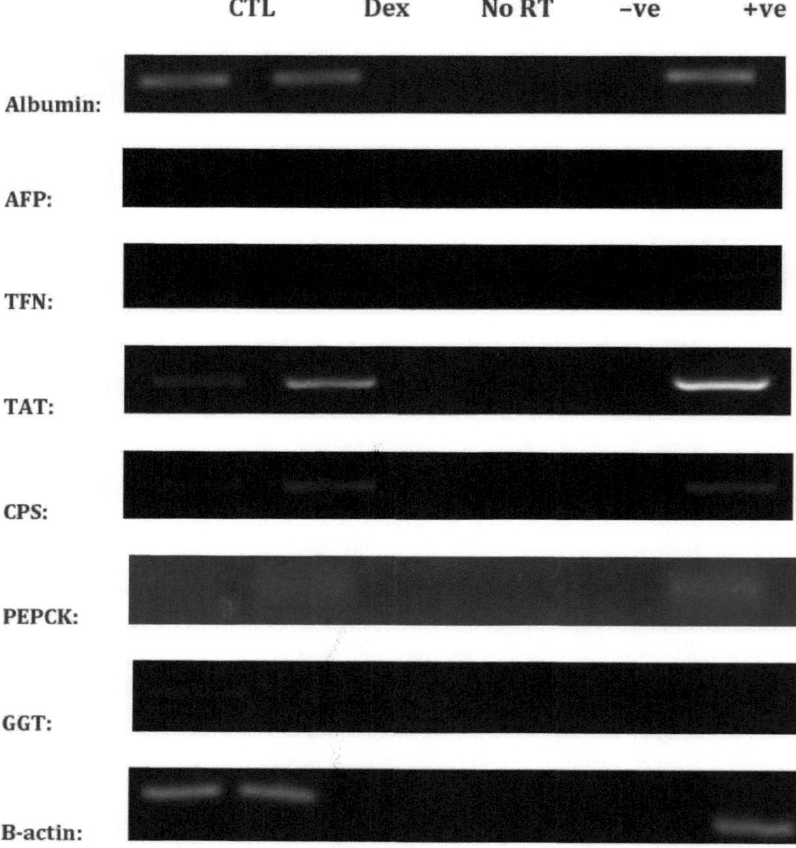

Fig.8.Análise RT-PCR do ARNm que mostra a expressão dos marcadores numa amostra de células hepáticas (albumina, AFP, TFN, TAT, CPS Glucagon Insulina, PEPCK, GGT) com ou sem 1pm de dexametasona. A albumina, a TFN, a TAT, a CPS e a PEPCK foram mais induzidas nas amostras tratadas com Dex do que nos controlos. A AFP e a GGT mostram maior expressão no controlo do que nas amostras tratadas com Dex. CTL refere-se aos controlos, Dex refere-se ao tratamento com Dex, No RT significa Sem transcriptase reversa, -ve é o controlo negativo e +ve é o controlo positivo. A PCR foi realizada conforme descrito na secção Materiais e métodos, utilizando alguns dos nossos primers concebidos.

Imunocoloração

Imunomarcação do tecido pancreático:

Expressão de marcadores exócrinos e endócrinos nos botões pancreáticos de controlo. Todos os três marcadores pancreáticos estudados (amilase, insulina e glucagon) foram expressos no tecido pancreático de controlo. A amilase foi expressa na periferia dos ramos e principalmente nas suas pontas (Fig. 9A). A insulina também foi expressa nas células, mas no meio dos ramos e não na periferia (Fig. 9C). O glucagon também foi expresso no centro, mas em menor quantidade (Fig. 9E). Todos os marcadores foram expressos no citoplasma e com níveis semelhantes em diferentes células (Fig. 9G). O glucagon foi expresso num menor número de células, ao contrário da insulina e da amilase, e estava sempre agrupado com as células que expressavam insulina e fortemente associado a elas (Fig. 9G). Não se verificou expressão de TFN, Cyp2E1 nem A1aT nos tecidos pancreáticos de controlo (Fig. 10A, 11A e 12A).

Redução da expressão de marcadores endócrinos nos botões pancreáticos tratados com Dex, aumento da expressão de amilase e aparecimento de células semelhantes a hepatócitos. As células tratadas com Dex expressaram amilase a um nível semelhante ao do tecido pancreático de controlo, mas foi observada no meio das células e não apenas na periferia (Fig. 9B). Esta observação pode ser a razão pela qual aparecem manchas negras nos tecidos cultivados devido ao aumento das células produtoras de amilase. O Dex reduziu a expressão de insulina e resultou na perda de expressão de glucagon (Fig. 9D & F). Na imagem sobreposta (Fig. 9H), os marcadores estão sobrepostos, o que significa que são co-expressos pelas mesmas células. O TFN mostrou expressão nos tecidos tratados com Dex (Fig. 9D). O A1at foi expresso nas células tratadas com Dex para confirmar a maturação de células semelhantes a hepatócitos. O Cyp2E1 também está muito bem expresso.

Não há controlos de anticorpos primários para o tecido pancreático. Uma demonstração para confirmar que a imunocoloração detecta apenas a proteína de interesse e que os anticorpos secundários se ligam apenas às células específicas do . Foram testados três anticorpos secundários (Fig.13A) AMCA antimouse, (Fig.13B) FITC anti-coelho (Fig.13C), TRITC anti-porco-da-índia. A auto-fluorescência (Fig. 13A, B e C) surgiu como uma ligação não específica que produz uma coloração de fundo. Esta fluorescência é utilizada como marca para distinguir entre a expressão real e a coloração de fundo e prova que não existem locais de ligação não específicos no tecido pancreático aos quais os anticorpos secundários se possam ligar.

Imunomarcação do tecido hepático:

Expressão de marcadores hepáticos no tecido hepático de controlo. O tecido hepático de controlo expressou os marcadores hepáticos TFN (Fig.14A), AFP (Fig.16A) e Cyp2E1 (Fig.18B). O marcador de células imaturas (AFP) é expresso a um nível mais elevado do que o marcador de células maduras (TFN), o que sugere que as células hepatoblásticas são imaturas. Ambos os marcadores são expressos no citoplasma.

Expressão reduzida de alguns marcadores no tecido hepático de controlo TTR (Fig.17A) e A1at (Fig.15A) não foram expressos.

Maturação de hepatócitos nos botões hepáticos tratados com Dex. Todos os marcadores (TFN, A1aT, AFP, TTR e Cyp2E1) foram expressos nos tecidos hepáticos tratados com Dex (Fig. 14B, 15B, 16B, 17B e 18B). O marcador de células maduras TFN foi expresso a um nível elevado (Fig.14B), mas a expressão do marcador AFP (Fig.16B) foi inferior à do seu controlo (Fig.16A). O Cyp2E1 (Fig. 18B) também foi expresso em níveis mais elevados em comparação com o controlo. As células binucleadas são muito claras nas imagens Dex, especialmente TFN (Fig.14B), TTR (Fig.17B), Cyp2E1 (Fig.18B) e menos em AFP (Fig.16B) em comparação com os controlos (Fig.14A, 17A, 18A, 16A).

Sem controlos de anticorpos primários para o tecido hepático. (Fig.19) Não foi observada qualquer coloração real, uma vez que não foi adicionado qualquer anticorpo primário. O anticorpo secundário utilizado foi o anticorpo anti-coelho FITC.

Pâncreas

Coloração de amilase/insulina/glucagon

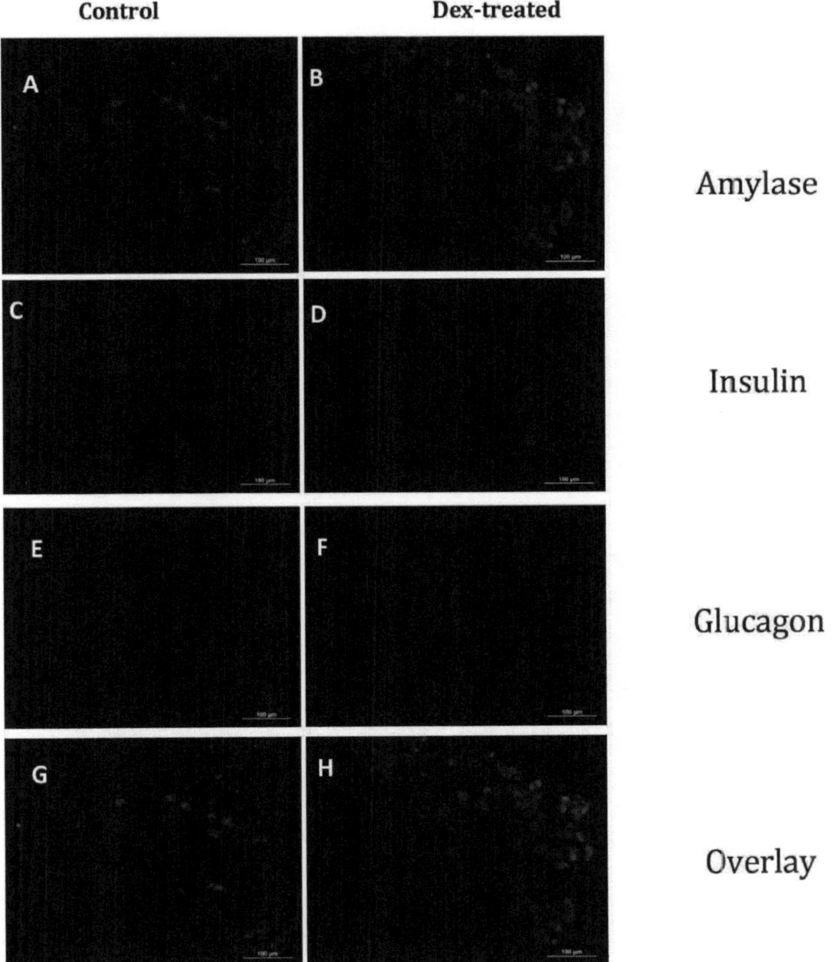

Fig.9. Expressão de amilase, insulina e glucagon no pâncreas embrionário de controlo (A, C, E e G) e de Dexametasona (B, D, F e H). Os gomos pancreáticos foram dissecados de embriões de ratinho E11.5 e cultivados em fibronectina em meio basal Eagle (BME) durante 7 dias e na cultura tratada com Dex (B, D, F e H) foi adicionado 1pm de Dex no Dia 1. Após o período de cultura, os botões foram fixados com MEMFA e

imunomarcados para Amilase (A, B), Insulina (C, D) e Glucagon (E, F). As fotografias foram tiradas com um microscópio fluorescente Leica DMRB. As células de controlo que expressam amilase (A) estavam localizadas nas pontas dos ramos, ao passo que as células tratadas com Dex que expressam amilase (B) são mais elevadas do que as do controlo e a expressão está presente em todo o tecido. As células de controlo expressaram insulina (C) no centro dos ramos, enquanto as células tratadas com Dex (D) apresentaram uma expressão reduzida. As células de controlo expressaram Glucagon no meio dos ramos, mas não é evidente qualquer expressão nas células tratadas com Dex (E). (G e H) mostram a fusão das imagens dos três marcadores pancreáticos de controlo e tratados com Dex, respetivamente. Todas as imagens foram obtidas com uma ampliação de 20x. As barras de escala mostram todas 100pm.

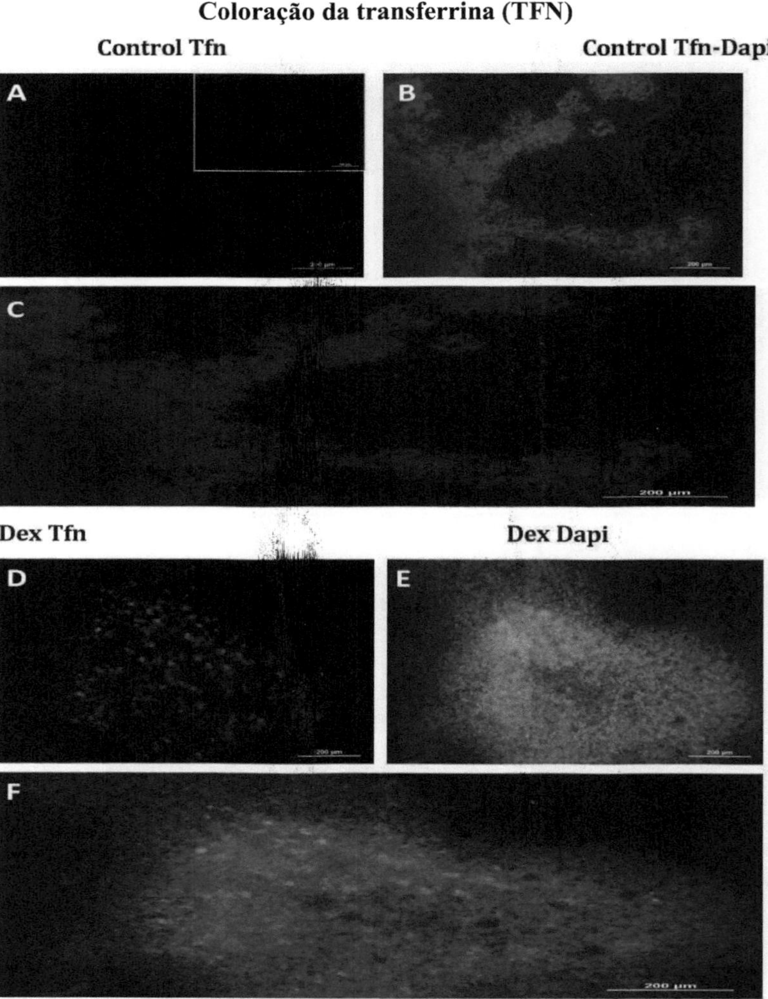

Fig.10. Expressão da transferrina no pâncreas embrionário de controlo (A, B e C) e de Dexametasona (D, E e F). Os gomos pancreáticos foram dissecados de embriões de ratinho E11.5 e cultivados em fibronectina em Basal Medium Eagle (BME) durante 7 dias e na cultura tratada com Dex (D, E e F) foi

adicionado 1pm de Dex no Dia 1. Após o período de cultura, os botões foram fixados com MEMFA e imunomarcados para DAPI (B, E) e Transferrina (A, E). Não foi observada qualquer expressão de transferrina no pâncreas de controlo (A). A expressão da transferrina foi observada no pâncreas tratado com Dex (D), de forma uniforme no citoplasma e em todo o tecido. (C, F) são imagens sobrepostas. (A, B, C) são do meu trabalho, mas (D, E, F) são do trabalho do Sam. Todas as imagens foram tiradas com uma ampliação de 10x, exceto a imagem (A), cuja inserção foi tirada com uma ampliação de 20x. As barras de escala mostram todas 200pm, exceto a imagem (A) que mostra 100pm.

Coloração de alfa-1aT

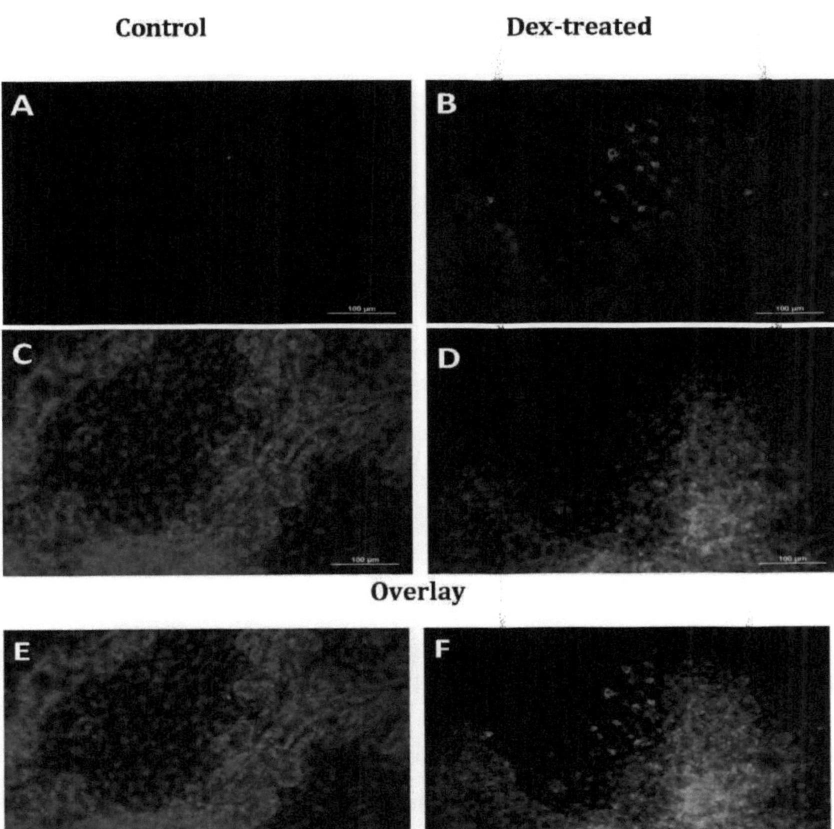

Fig.11. Expressão de alfa-1-aT no pâncreas embrionário de controlo (A, C e E) e de Dexametasona (B, D e F). Os botões pancreáticos foram dissecados de embriões de ratinho E11.5 e cultivados em fibronectina em meio basal Eagle (BME) durante 7 dias e na cultura tratada com Dex (D, E e F) foi adicionado 1pm de Dex no Dia 1. Após o período de cultura, os gomos foram fixados com MEMFA e imunomarcados para DAPI (C e D) e A-1at (A e B). No pâncreas de controlo (A), a expressão de A1at foi muito baixa ou quase nula. A expressão de A1at foi encontrada no pâncreas tratado com Dex (B), sendo observada uniformemente no citoplasma e em todo o tecido. (E e F) são imagens sobrepostas. Todas as imagens foram obtidas com uma ampliação de 20x. As barras de escala mostram todas 100pm.

Coloração de Cyp2E1

Control Dex-treated

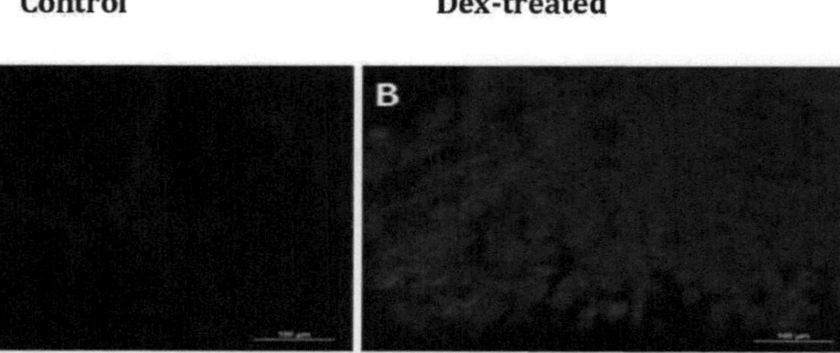

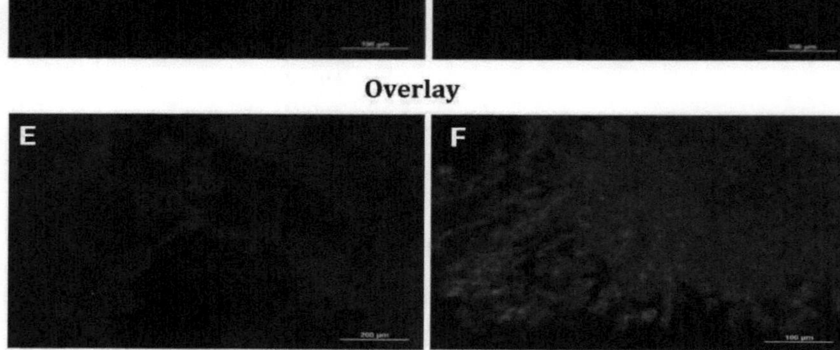

Overlay

Fig.12. Expressão de Cyp2E1 no pâncreas embrionário de controlo (A, C e E) e de Dexametasona (B, D e F). Os botões pancreáticos foram dissecados de embriões de ratinho E11.5 e cultivados em fibronectina em meio basal Eagle (BME) durante 7 dias e na cultura tratada com Dex (D, E e F) foi adicionado 1pm de Dex no Dia 1. Após o período de cultura, os botões foram fixados com MEMFA e imunomarcados para DAPI (C e D) e Cyp2E1 (A e B). Não foi observada qualquer expressão de Cyp2E1 no pâncreas de controlo (A). A expressão de Cyp2E1 foi observada no pâncreas tratado com Dex (D), de forma uniforme no citoplasma e em todo o tecido. (E e F) são imagens sobrepostas. Todas as imagens de controlo foram tiradas com uma ampliação de 10x, enquanto as imagens Dex foram tiradas com uma ampliação de 20 x. As barras de escala de controlo mostram todas 200pm, enquanto as barras de escala de Dex mostram 100pm.

Sem controlo do anticorpo primário

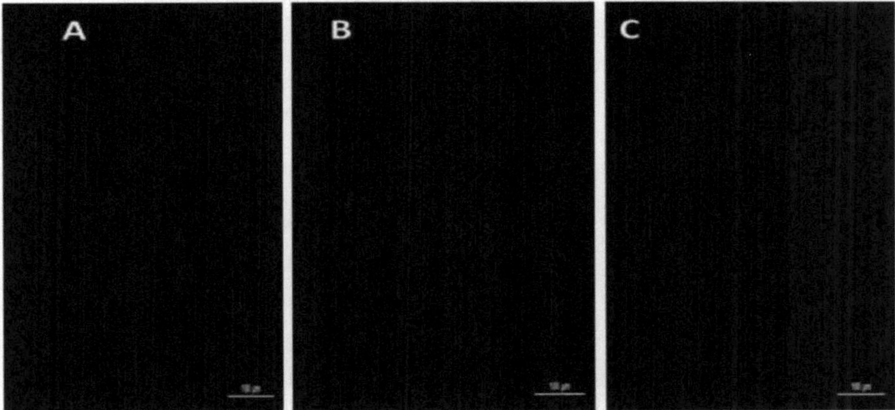

Fig.13. Controlo sem anticorpo primário para tecido pancreático. O anticorpo secundário é adicionado sem adicionar o anticorpo primário. Não se regista qualquer fluorescência devido à ausência do anticorpo primário. Anticorpos secundários utilizados: (A) AMCA anti-rato, (B) FITC anti-coelho e (C) TRITC anti-porco-da-índia.

FÍGADO

Coloração da transferrina

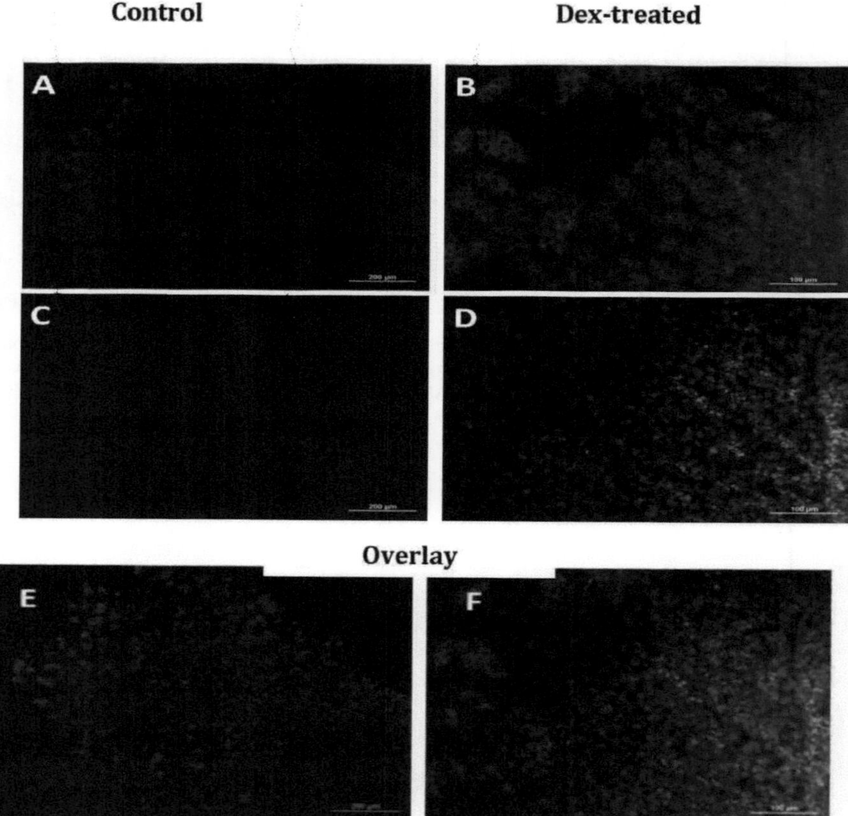

Fig.14. Expressão de TFN no fígado embrionário de controlo (A, C e E) e de Dexametasona (B, D e F). Os gomos hepáticos foram dissecados de embriões de ratinho E11.5 e cultivados em fibronectina em meio basal Eagle (BME) durante 7 dias e, na cultura tratada com Dex (B, D e F), foi adicionado 1pm de Dex no Dia 1. Após o período de cultura, os botões foram fixados com MEMFA e imunomarcados para DAPI (C e D) e TFN (A e B). A TFN foi expressa em Dex (B) com um nível mais elevado do que no controlo (A). Em todas as imagens, a TFN foi expressa no citoplasma e distribuída por todo o tecido. Todas as imagens de controlo foram tiradas com uma ampliação de 10x, enquanto todas as imagens Dex foram tiradas com uma ampliação de 20x. Todas as barras de escala de controlo mostram 200pm, enquanto todas as barras de escala de Dex mostram 100pm.

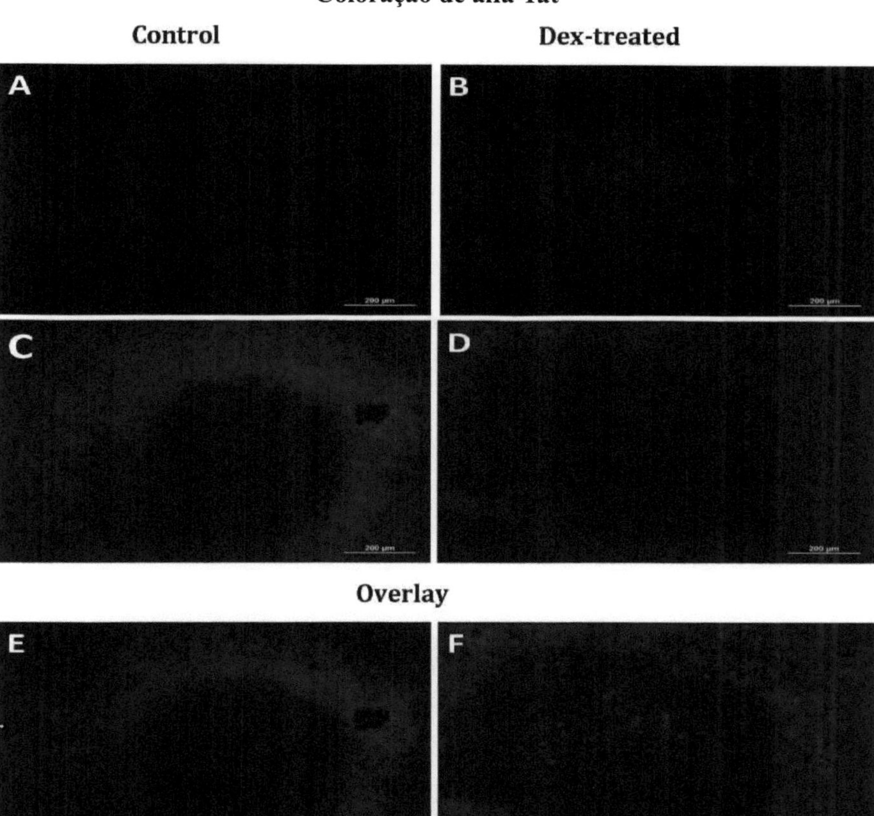

Fig.15. Expressão de A-1at no fígado embrionário de controlo (A, C e E) e de Dexametasona (B, D e F). Os gomos hepáticos foram dissecados de embriões de ratinho E11.5 e cultivados em fibronectina em meio basal Eagle (BME) durante 7 dias e, na cultura tratada com Dex (B, D e F), foi adicionado 1pm de Dex no Dia 1. Após o período de cultura, os botões foram fixados com MEMFA e imunomarcados para DAPI (C e D) e A1at (A e B). Não foi observada qualquer expressão de A1aT no fígado de controlo (A). A expressão de A1aT foi observada no fígado tratado com Dex (D), de forma uniforme no citoplasma e em todo o tecido. (C e F) são imagens sobrepostas. Todas as imagens foram obtidas com uma ampliação de 10x. As barras de escala mostram todas 200pm.

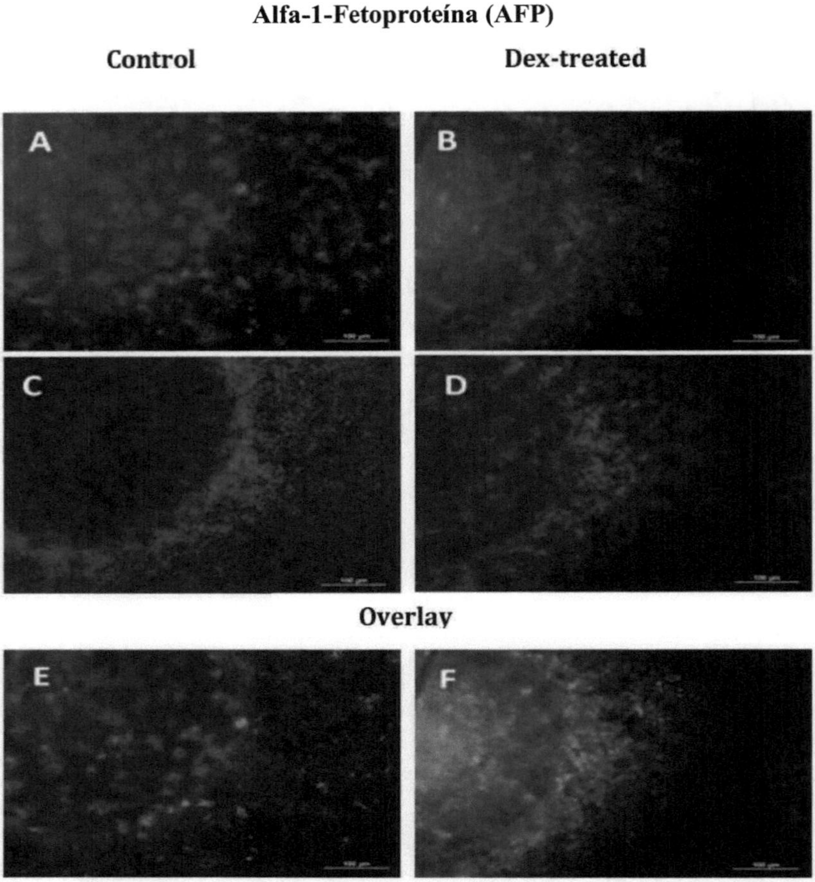

Fig.16. Expressão da AFP no fígado embrionário de controlo (A, C e E) e de Dexametasona (B, D e F). Os botões hepáticos foram dissecados de embriões de ratinho E11.5 e cultivados em fibronectina em meio basal Eagle (BME) durante 7 dias e, na cultura tratada com Dex (B, D e F), foi adicionado 1pm de Dex no Dia 1. Após o período de cultura, os botões foram fixados com MEMFA e imunomarcados para DAPI (C e D) e AFP (A e B). Em todas as imagens, a AFP foi expressa no citoplasma e distribuída por todo o tecido. (E e F) são imagens sobrepostas. Todas as imagens foram obtidas com uma ampliação de 20x. Todas as barras de escala são apresentadas. Todas as imagens foram obtidas de Allisen McBride.

TTR (Transtirretina)

Control Dex-treated

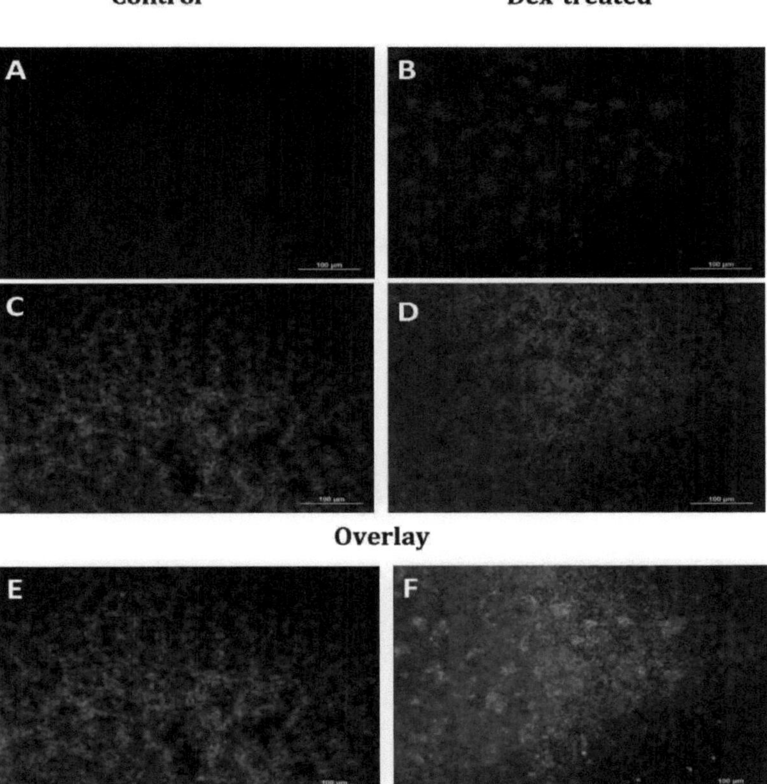

Fig.17.Expressão de TTR no fígado embrionário de controlo (A, C e E) e de Dexametasona (B, D e F). Os gomos hepáticos foram dissecados de embriões de ratinho E11.5 e cultivados em fibronectina em meio basal Eagle (BME) durante 7 dias e, na cultura tratada com Dex (B, D e F), foi adicionado 1pm de Dex no Dia 1. Após o período de cultura, os botões foram fixados com MEMFA e imunomarcados para DAPI (C e D) e TTR (A e B). Não foi observada qualquer expressão de TTR no fígado de controlo (A). A expressão de TTR foi observada no fígado tratado com Dex (D), de forma uniforme no citoplasma e em todo o tecido. (C e F) são imagens sobrepostas. Todas as imagens foram tiradas com uma ampliação de 20x. As barras de escala mostram todas 100pm. Todas as imagens foram obtidas de Allisen McBride.

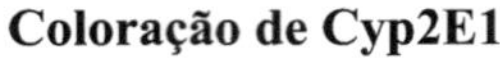

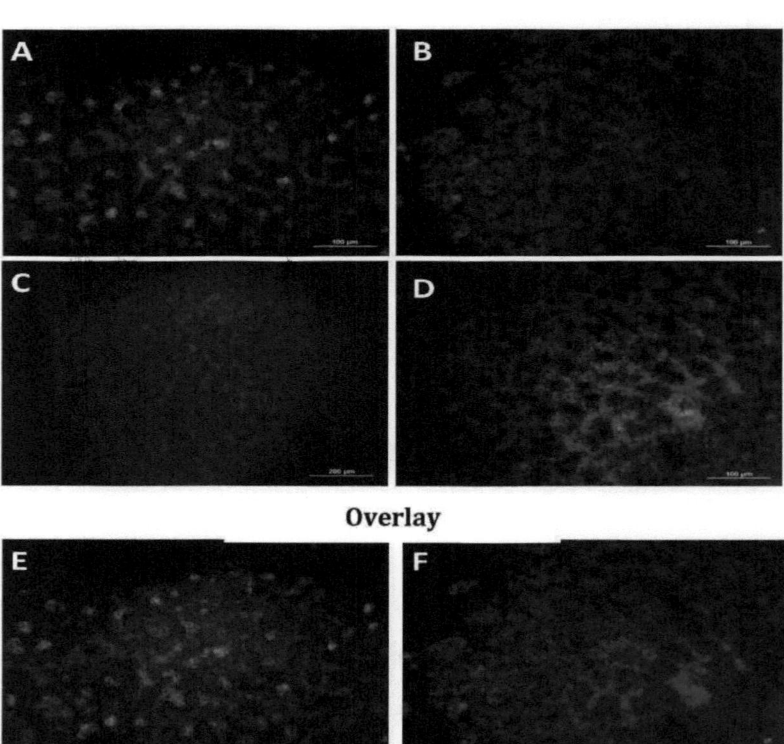

Fig.18.Expressão de Cyp2E1 no fígado embrionário de controlo (A, C e E) e de Dexametasona (B, D e F). Os gomos hepáticos foram dissecados de embriões de ratinho E11.5 e cultivados em fibronectina em meio basal Eagle (BME) durante 7 dias e, na cultura tratada com Dex (B, D e F), foi adicionado 1pm de Dex no Dia 1. Após o período de cultura, os botões foram fixados com MEMFA e imunomarcados para DAPI (C e D) e Cyp2E1 (A e B). Cyp2E1 está expresso no fígado de controlo e no fígado tratado com Dex (A e B). Em todas as imagens, a Cyp2E1 estava expressa no citoplasma e distribuída por todo o tecido e o binúcleo era muito nítido em (B). Todas as imagens foram tiradas com uma ampliação de 20x. As barras de escala mostram todas 100pm. Todas as imagens foram obtidas a partir de Sam.

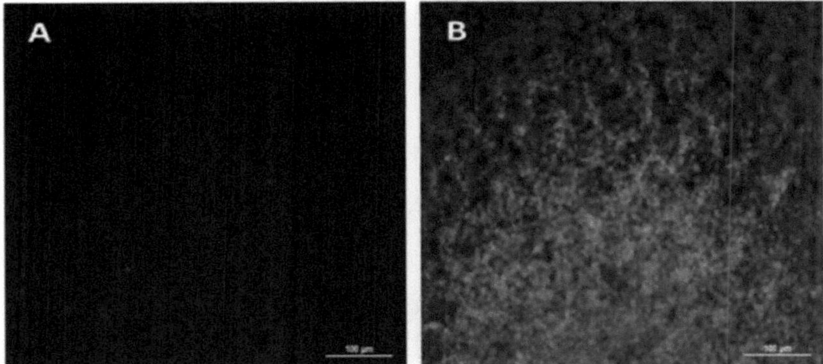

Fig.19. Controlo sem anticorpo primário para o tecido hepático. Não se observa qualquer coloração real, uma vez que não foi adicionado qualquer anticorpo primário. O anticorpo secundário utilizado é o FITC anti-coelho. A imagem (B) mostra a coloração nuclear das células com DAPI. Ambas as imagens foram tiradas com uma ampliação de 20x e as barras de escala mostram 100pm.

4. Discussão

Embora a literatura tenha discutido muitos dos exemplos de transdiferenciação, tais como a indução de hepatócitos no pâncreas de ratos empobrecidos em cobre após a privação de cobre, a transdiferenciação de mioblastos em adipócitos e a regeneração Wolffiana, há muito sobre este fenómeno que ainda tem de ser estudado (Rao & Reddy, 1995; Tosh & Slack, 2002; Wolf, Burchette, Garcia, & Michalopoulos, 1990). Algumas questões ainda precisam de ser abordadas, como a eficiência da transdiferenciação celular e a maturação de células semelhantes a hepatócitos. Se todas as questões subjacentes à transdiferenciação forem compreendidas de forma abrangente, conduzindo ao controlo e ao aperfeiçoamento do processo de transdiferenciação, este poderá passar da bancada para a clínica (Yi, Liu, & Belmonte, 2012).

No presente estudo, demonstrámos o desenvolvimento de células semelhantes a hepatócitos em culturas de tecido pancreático de ratinhos embrionários em resultado do tratamento com o glucocorticoide sintético Dex. A nossa investigação concordou com as demonstrações anteriores no sentido de que os hepatócitos transdiferenciados são provavelmente diferenciados, mas a análise da linhagem celular de acordo com os critérios de Eguchi e kodama não foi demonstrada. Os nossos estudos foram muito preliminares e não foi possível determinar o tipo de células que sofreram transdiferenciação após o tratamento dos tecidos com Dex.

A investigação anterior sobre a linhagem celular teve resultados diferentes, tendo alguns estudos concluído que as origens eram tanto de células endócrinas como exócrinas e outros estudos demonstraram que apenas as células exócrinas ou endócrinas podem ter transdiferenciado (Shen et al., 2000; Wallace et al., 2009). Por exemplo, a sobreexpressão do fator de crescimento dos queratinócitos (KGF) no pâncreas mostrou que a origem da transdiferenciação eram as células endócrinas (Krakowski et al., 1999), enquanto Shen et al. investigaram o modelo AR42J-Bj3 que mostrou que as células exócrinas dão origem a hepatócitos transdiferenciados. Várias células podem ser a origem das células semelhantes a hepatócitos no pâncreas. Estas incluem células estaminais em cultura ou outros precursores indiferenciados.

Pudemos estudar os fenótipos pancreático e hepático através de um exame morfológico, bem como através da análise dos dados de expressão dos marcadores. Mostrámos que um tecido pancreático cultivado normalmente se ramifica constantemente e que as células acinares aparecem no centro do botão, no topo dos ramos, enquanto o tratamento com Dex impede a ramificação epitelial e aumenta o aparecimento de manchas escuras, regiões achatadas e células acinares. Este facto foi comprovado em estudos anteriores que mostraram o efeito da Dex na diminuição da área total do tecido e no atraso do crescimento, o que pode explicar a diminuição da ramificação. As alterações na morfogénese das ramificações podem ocorrer quando o Dex induz factores de transcrição (por exemplo C/EBP- *a* (CCAAT/Enhancer binding protein) e HNF4 (hepatocyte nuclear fator 4)) para a diferenciação dos hepatócitos (Michalopoulos, Bowen, Mulè, & Luo, 2003).

Além disso, os autores concluíram que as células acinares produtoras de amilase aumentaram duas vezes em resultado da adição de glucocorticóides, o que resultou num aumento da diferenciação das células progenitoras (Gesina et al., 2004). O aparecimento de manchas escuras pode ser o resultado de um aumento dos níveis de grânulos de zimogénio no pâncreas tratado com Dex, tal como mencionado num estudo anterior (Guo et al., 2010). Ao contrário das regiões achatadas, estas não foram mencionadas em nenhum dos estudos de transdiferenciação do pâncreas. O efeito da Dex deve-se à sua ação como glucocorticoide que se liga ao recetor de glucocorticóides formando um complexo recetor-ligando. Este complexo é capaz de se translocar para o núcleo, onde actua para aumentar ou diminuir a expressão do gene na célula, resultando na alteração do fenótipo (Nagalski & Kiersztan, 2002).

As imagens de imunomarcação do tecido pancreático de controlo mostraram uma expressão específica de amilase, insulina e glucagon. Todos os três marcadores foram expressos de forma semelhante, mas em células diferentes. Isto deve-se ao facto de a amilase ser produzida por células acinares, a insulina ser produzida por células [3] e o glucagon ser produzido por células a (Herrera, 2000). Embora a insulina e o glucagon fossem produzidos a partir de células diferentes, estavam frequentemente agrupados porque formam os ilhéus de Langerhans, onde se encontram todas as células endócrinas (Zulewski, 2008). Não foram expressos marcadores hepáticos no tecido pancreático de controlo. No entanto, as imagens de imunocoloração do pâncreas tratado com Dex mostraram um nível diferente mas normal de coloração da amilase, menos coloração para a insulina e nenhuma coloração para o glucagon em comparação com o controlo. O Dex interrompeu a ramificação, o que pode ser uma razão para afetar os ilhéus, causando esta diminuição na expressão de insulina e glucagon. A diminuição observada na produção de insulina [3-cells in response to Dex was induced by the down-regulation of the pancreatic master control gene pdx-1 (Gesina et al., 2004; Shen et al., 2003). Sabe-se que o pdx-1 é essencial para a sobrevivência e diferenciação das células [3], pelo que a sua regulação negativa pode ser a causa da desdiferenciação das células produtoras de insulina (Oliver-Krasinski & Stoffers, 2008). Uma vez que a amilase foi expressa nos ramos após o tratamento com Dex, foi expressa no centro devido à ausência dos ramos. Os tecidos pancreáticos tratados com Dex também apresentaram alguma coloração positiva para marcadores hepáticos (TFN, A1at, Cyp2E1), o que se esperava devido à ocorrência de transdiferenciação pancreática em células semelhantes a hepatócitos. No fígado, foram expressos TFN, AFP e Cyp2E1. Os marcadores imaturos que são expressos em células hepáticas fetais, como a AFP, foram expressos mais do que os marcadores de hepatócitos maduros (por exemplo, TFN), sugerindo que as células são imaturas. Nas imagens de fígado tratadas com Dex, observou-se uma coloração muito forte dos marcadores (TFN, A1aT, TTR e Cyp2E1) e uma diminuição da expressão da AFP. Assim, a maturação dos hepatócitos fetais pode ser monitorizada através de uma diminuição da expressão do gene da AFP e de um aumento da expressão de genes como o TFN (Chou, Wan, & Sakiyama, 1988).

Confirmámos os resultados da imunomarcação através da realização de análises RT-PCR de células pancreáticas e hepáticas de controlo e tratadas com Dex. No entanto, foram analisados mais alguns marcadores hepáticos, tais como TAT, CPS, GGT e GS, e todos eles apresentaram uma expressão mais elevada nas células pancreáticas tratadas com Dex, para confirmar a possibilidade de transdiferenciação. A PEPCK não apareceu no pâncreas de controlo ou tratado com Dex, mas apareceu nas células hepáticas maduras, o que mostra que as células transdiferenciadas tratadas não estavam suficientemente maduras para mostrar os marcadores hepáticos maduros. Mostrou também o efeito do Dex nas células hepáticas, incluindo a capacidade de regular a expressão dos genes da albumina, TFN, AFP, PEPCK e TAT. Os complexos hormona-recetor interagem com sequências específicas de ADN localizadas perto do local de iniciação da transcrição. Na região de controlo de muitos genes hepáticos, como o TAT, a albumina e outros genes regulados por glucocorticóides, foram identificados os elementos de ADN responsivos às hormonas (Chou et al., 1988). Descobertas anteriores mostraram que a indução de Dex do homólogo humano AFP é mediada por um elemento responsivo aos glucocorticóides (GRE) localizado a 180 pb a montante do local de iniciação da transcrição de todos os genes AFP examinados (Nakabayashi et al., 2001).

<u>Limitações e trabalho futuro</u>:

Um dos critérios para a transdiferenciação, conforme mencionado por Eguchi e Kodama, era demonstrar a linhagem celular entre as células pancreáticas e as células semelhantes a hepatócitos. Embora fosse provável que, após o tratamento das células pancreáticas com Dex, estas se transdiferenciassem em células semelhantes a hepatócitos, não conseguimos provar a linhagem celular entre as células. Para demonstrar que as células semelhantes a hepatócitos tiveram origem em células pancreáticas, é necessário efetuar mais estudos para determinar que tipo de células pancreáticas sofreu a transdiferenciação. Foi efectuada uma experiência de linhagem no laboratório de Tosh com base na proteína fluorescente verde (GFP), uma proteína estável que pode permanecer durante alguns dias na célula depois de ter desligado a sua transcrição e que é conduzida pelo promotor da elastase para marcar as células pancreáticas antes da transdiferenciação. Através da estabilidade da GFP, foi demonstrada a relação antepassado-descendente e, nas células em transdiferenciação, a GFP e o marcador hepático foram persistentes, indicando que os hepatócitos nascentes devem ter sido células exócrinas pancreáticas diferenciadas. Esta experiência baseada na marcação com GFP pode permitir distinguir entre as possibilidades de origem e demonstrar a linhagem celular (Tosh & Slack, 2002).

Do ponto de vista morfológico, também podemos observar mais de perto, utilizando a microscopia eletrónica, não só a presença de células binucleares, mas os hepatócitos também contêm o aparelho de Golgi, o retículo endoplasmático (RE), os canalículos biliares e os grânulos de glicogénio (Eng & Youson, 1992;

Kenneth S Zaret & Grompe, 2008). Os mecanismos moleculares subjacentes ao fenómeno de transdiferenciação devem ser estudados. Isto pode ser feito através da análise da expressão dos factores de transcrição associados à transdiferenciação hepática (Shen et al., 2000). Por exemplo, o fator nuclear de hepatócitos 1 (HNF-1) é geralmente considerado como um fator de transcrição hepática (Cereghini, 1996). Uma vez que as evidências indicam que o fator de transcrição HNF-4 é um regulador a montante da expressão do HNF-1, o HNF-4 é o gene alvo do extintor pleiotrópico (Griffo et al., 1993).

Também é necessário testar se a coloração positiva dos marcadores hepáticos nos botões pancreáticos tratados com Dex depende da ligação do Dex ao recetor de glucocorticóides ou não. Isto pode ser feito utilizando um inibidor de glucocorticóides para verificar se os efeitos da dexametasona foram bloqueados (Shen et al., 2000).

Estudos anteriores examinaram a divisão celular como um passo na transdiferenciação. Ao marcar as células com 5-bromo-2'-desoxiuridina (BrdU) no primeiro dia de tratamento com dex. Os seus estudos resultaram no facto de alguns dos hepatócitos surgidos por transdiferenciação direta poderem não envolver divisão celular (Shen et al., 2000). Poderíamos ter analisado a divisão celular também na nossa experiência, marcando as células com BrdU e detectando depois a marca incorporada com um anticorpo.

É necessária a utilização de uma vasta gama de marcadores para caraterizar o fenótipo e confirmar a ocorrência de transdiferenciação. Se tivéssemos mais tempo, poderíamos ter efectuado a co-imunocoloração de todos os marcadores para os tecidos pancreático e hepático e examinar quais as células que co-expressam marcadores hepáticos e pancreáticos para nos dizer quais as células exactas que se transdiferenciaram.

Se a conversão é estável ou não, não foi demonstrado na nossa experiência, mas isto poderia ter sido testado através da remoção de Dex. Se Dex fosse removido, os tecidos poderiam ter morrido ou poderiam ter permanecido como hepatócitos, o que poderia ter sido um resultado muito interessante. Isto ter-nos-ia levado a estudar se a transdiferenciação é unidirecional ou se, por vezes, pode ser invertida, como referido na literatura.

Realizámos uma experiência preliminar no final do projeto com base numa investigação anterior de Luc Bouwens. Eles relataram um novo método de marcação de células baseado em lectina para demonstrar a origem acinar de células recém-formadas que expressam insulina. Injectaram-nas diretamente no parênquima pancreático (Baeyens et al., 2009). Com base nesta experiência, adicionámos ao pâncreas de controlo e tratado com dex e às culturas de tecido hepático a lectina aglutinina de gérmen de trigo (WGA) após as primeiras 24 horas de tratamento. É improvável que a quantidade de WGA que adicionámos seja suficientemente elevada para danificar os tecidos, embora algumas células a tenham absorvido. É necessária mais investigação, uma vez que esta pode ser uma forma de reprogramar as células acinares que podem participar na terapia de substituição celular.

Conclusão:

Em conclusão, demonstrámos com êxito que o tratamento com Dex dos botões pancreáticos induziu alterações morfológicas do pâncreas para células semelhantes a hepatócitos, provavelmente devido ao processo de transdiferenciação. Também demonstrámos que as células pancreáticas expressam marcadores hepáticos AFP, TFN, GS e CPS após o tratamento com Dex, ao mesmo tempo que reduzem a expressão de insulina e glucagon. No entanto, para confirmar o estado de diferenciação, devem ser efectuadas mais experiências com um período de observação mais longo para analisar mais pormenores e demonstrar a relação entre as linhagens. Também é necessária mais investigação para determinar que tipo de célula pancreática se transdiferenciou.

Referências:

Andralojc, K. M., Mercalli, A., Nowak, K. W., Albarello, L., Calcagno, R., Luzi, L., Bonifacio, E., et al. (2009). Células epsilon produtoras de grelina no pâncreas humano adulto e em desenvolvimento. *Diabetologia, 52(3),* 486-493. Obtido de http://www.ncbi.nlm.nih.gov/pubmed/19096824

Baeyens, L., Bonné, S., Bos, T., Rooman, I., Peleman, C., Lahoutte, T., German, M., et al. (2009). Notch signaling as gatekeeper of rat acinar-to-beta-cell conversion in vitro. *Gastroenterology, 136(5),* 1750-1760.e13. Recuperado de http://www.ncbi.nlm.nih.gov/pubmed/19208356

Bort, R., Martinez-Barbera, J. P., Beddington, R. S. P., & Zaret, K. S. (2004). O posicionamento do tecido dependente do gene Hex homeobox é necessário para a organogénese do pâncreas ventral. *Development Cambridge England, 131(4),* 797-806. Obtido de http://discovery.ucl.ac.uk/91469/

Burke, Zoe D, & Tosh, D. (2012). Ontogênese de células-tronco hepáticas e pancreáticas. *Stem Cell Reviews*. Recuperado de http://dx.doi.org/10.1007/s12015-012-9350-2

Burke, Zoë D, Thowfeequ, S., Peran, M., & Tosh, D. (2007). Stem cells in the adult pancreas and liver (Células estaminais no pâncreas e fígado adultos). *The Biochemical journal, 404*(2), 169-78. doi:10.1042/BJ20070167

Cereghini, S. (1996). Liver-enriched transcription factors and hepatocyte differentiation (Factores de transcrição enriquecidos pelo fígado e diferenciação de hepatócitos). *The FASEB journal official publication of the Federation of American Societies for Experimental Biology*, *10*(2), 267-282. Recuperado de http://www.fasebj.org/content/10/2/267.short

Chou, J. Y., Wan, Y. J., & Sakiyama, T. (1988). Regulação da maturação do fígado de rato in vitro por glucocorticóides. *Molecular and Cellular Biology, 3*(1), 203-209.

Cole, T. J. (2006). Glucocorticoid action and the development of selective glucocorticoid recetor ligands. *Biotechnology annual review, 12*(06), 269-300. Retirado de http://www.ncbi.nlm.nih.gov/pubmed/17045197

Deutsch, G., Jung, J., Zheng, M., Lora, J., & Zaret, K. S. (2001). A bipotential precursor population for pancreas and liver within the embryonic endoderm. *Development Cambridge Inglaterra, 123*(6), 871-881. Obtido de http://www.ncbi.nlm.nih.gov/pubmed/11222142

Eguchi, G., & Okada, T. S. (1973). Differentiation of lens tissue from the progeny of chick retinal pigment cells cultured in vitro: a demonstration of a switch of cell types in clonal cell culture. *Actas da Academia Nacional das Ciências dos Estados Unidos da América, 70(5),* 1495-1499. Obtido

http://www.pubmedcentral.nih.gov/articlerender.fcgi?artid=433527&tool=pmcentrez&rendertype=abstract

Eng, F., & Youson, J. H. (1992). Morfologia do fígado da lampreia de ribeiro, Lampetra lamottenii, antes e durante a infeção com o nemátodo Truttaedacnitis stelmioides, hepatócitos, sinusóides e células perisinusoidais. *Tissue cell, 24*(4), 575-592.

Fléjou, J.-F. (2005). Barrett's oesophagus: from metaplasia to dysplasia and cancer. *Gut*, *54*(Suppl 1), i6-i12. Obtido de http://www.pubmedcentral.nih.gov/articlerender.fcgi?artid=1867794&tool=pmcentrez&rendertype=abstract

GUO Xiaofang, Cheng LU, LIU Yi, FAN Weiwei, L. D. (2007). Clonagem, expressão e caraterização funcional do título Mist1No do peixe-zebra. Obtido de http://www.ncbi.nlm.nih.gov/pubmed/17531198

Gesina, E., Tronche, F., Herrera, P., Duchene, B., Tales, W., Czernichow, P., & Breant, B. (2004). Dissecando o papel dos glucocorticóides no desenvolvimento do pâncreas. *Diabetes, 53*(9), 2322-2329. Recuperado de http://www.ncbi.nlm.nih.gov/pubmed/15331541

Griffo, G., Hamon-Benais, C., Angrand, P. O., Fox, M., West, L., Lecoq, O., Povey, S., et al. (1993). HNF4 e HNF1, bem como um painel de funções hepáticas, são extintos e reexpressos em paralelo em híbridos de hepatoma de rato-fibroblastos humanos reduzidos cromossomicamente. *The Journal of Cell Biology, 121(4),* 887-898. Obtido de http://www.ncbi.nlm.nih.gov/entrez/query.fcgi?cmd=Retrieve&db=PubMed&dopt=Citation&list_uids=8491780

Gu, G., Dubauskaite, J., & Melton, D. A. (2002). Evidência direta da linhagem pancreática: As células NGN3+ são progenitores das ilhotas e são distintas dos progenitores dos ductos. *Development Cambridge England, 129*(10), 2447-2457. Recuperado de http://www.ncbi.nlm.nih.gov/pubmed/11973276

Guo, L., Lichten, L. A., Ryu, M.-S., Liuzzi, J. P., Wang, F., & Cousins, R. J. (2010). A interação STAT5-recetor de glucocorticóides e MTF-1 regulam a expressão de ZnT2 (Slc30a2) em células acinares pancreáticas. *Actas da Academia Nacional de Ciências dos Estados Unidos da América, 107(7),* 2818-2823. Obtido de http://www.pubmedcentral.nih.gov/articlerender.fcgi?artid=2840329&tool=pmcentrez&rendertype=abstract

Hebrok, M., Kim, S. K., & Melton, D. A. (1998). Notochord repression of endodermal Sonic hedgehog permits pancreas development. *Genes & Development, 12*(11), 1705-1713. Recuperado de http://www.genesdev.org/cgi/doi/10.1101/gad.12.11.1705

Herrera, P. L. (2000). As células adultas produtoras de insulina e glucagon diferenciam-se a partir de duas linhagens celulares independentes. *Development Cambridge England, 127(11),* 2317-2322. Retirado de http://www.ncbi.nlm.nih.gov/pubmed/10804174

Hui, H., & Perfetti, R. (2002). Pancreas duodenum homeobox-1 regula o desenvolvimento do pâncreas durante a embriogénese e a função das células das ilhotas na idade adulta. *European journal of endocrinology European Federation of Endocrine Societies, 146*(2), 129-141. Retirado de http://www.ncbi.nlm.nih.gov/pubmed/11834421

Jacquemin, P., Durviaux, S. M., Jensen, J., Godfraind, C., Gradwohl, G., Guillemot, F., Madsen, O. D., et al. (2000). O fator de transcrição 6 do fator nuclear dos hepatócitos regula a diferenciação das células endócrinas pancreáticas e controla a expressão do gene pró-endócrino ngn3. *Molecular and Cellular Biology, 20*(12), 4445-4454. Obtido em http://www.pubmedcentral.nih.gov/articlerender.fcgi?artid=85812&tool=pmcentrez&rendertype=abstract

Jonsson, J., Carlsson, L., Edlund, T., & Edlund, H. (1994). Insulin-promoter-fator 1 is required for pancreas development in mice. *Nature*. Nature Publishing Group. doi:10.1038/371606a0

Kawaguchi, Y., Cooper, B., Gannon, M., Ray, M., MacDonald, R. J., & Wright, C. V. E. (2002). The role of the transcriptional regulator Ptf1a in converting intestinal to pancreatic progenitors. *Nature Genetics, 32(1),* 128-134. Recuperado de http://www.ncbi.nlm.nih.gov/pubmed/12185368

Krakowski, M. L., Kritzik, M. R., Jones, E. M., Krahl, T., Lee, J., Arnush, M., Gu, D., et al. (1999). Pancreatic Expression of Keratinocyte Growth Fator Leads to Differentiation of Islet Hepatocytes and Proliferation of Duct Cells. *The American journal of pathology, 154(3),* 683-691. Obtido de http://www.pubmedcentral.nih.gov/articlerender.fcgi?artid=1866416&tool=pmcentrez&rendertype=abstract

Kurash, J. K., Shen, C. N., & Tosh, D. (2004). Indução e regulação de proteínas de fase aguda em hepatócitos transdiferenciados. *Experimental Cell Research, 292(2),* 342-358. Obtido em http://dx.doi.org/10.1016/j.yexcr.2003.09.002

Lardon, J., & Bouwens, L. (2005). Metaplasia no pâncreas. *Differentiation research in biological diversity*, *73*(6), 278-286. Obtidode http://www.ncbi.nlm.nih.gov/pubmed/16989642

Lemaigre, F. P. (2009). Mechanisms of liver development: concepts for understanding liver disorders and design of novel therapies. *Gastroenterology, 137*(1), 62-79. Retirado de http://www.ncbi.nlm.nih.gov/pubmed/19328801

Lemaigre, F., & Zaret, K. S. (2004). Atualização do desenvolvimento do fígado: novos modelos embrionários, controlo da linhagem celular e morfogénese. *Current opinion in genetics development, 14(5),* 582-590. Recuperado de http://www.ncbi.nlm.nih.gov/pubmed/15380251

Leonard, J., Peers, B., Johnson, T., Ferreri, K., Lee, S., & Montminy, M. R. (1993). Characterization of somatostatin transactivating fator-1, a novel homeobox fator that stimulates somatostatin expression in pancreatic islet cells. *Molecular endocrinology Baltimore Md, 7*(10), 1275-1283.

Maestro, M. A., Boj, S. F., Luco, R. F., Pierreux, C. E., Cabedo, J., Servitja, J. M., German, M. S., et al. (2003). Hnf6 e Tcf2 (MODY5) estão ligados numa rede de genes que opera num domínio de células precursoras do pâncreas embrionário. *Human Molecular Genetics, 12*(24), 3307-3314. Obtido em http://www.ncbi.nlm.nih.gov/pubmed/14570708

McLin, V. A., Rankin, S. A., & Zorn, A. M. (2007). A repressão da sinalização Wnt/beta-catenina no endoderma anterior é essencial para o desenvolvimento do fígado e do pâncreas. *Development Cambridge England, 134*(12), 2207-2217. Obtido de http://www.ncbi.nlm.nih.gov/pubmed/17507400

Merino, P. L. H. (2001). Developmental biology of the pancreas (Biologia do desenvolvimento do pâncreas). *Cell Biochemistry and Biophysics*, *121*(6), 1569-1580. Obtido de http://www.ncbi.nlm.nih.gov/pubmed/7600975

Meszoely, I. M., Means, A. L., Scoggins, C. R., & Leach, S. D. (2001). Developmental aspects of early pancreatic cancer. *Cancer journal Sudbury Mass*, *7*(4), 242-250. Recuperado de http://www.ncbi.nlm.nih.gov/entrez/query.fcgi?cmd=Retrieve&db=PubMed&dopt=Citation&list_uids=11561600

Michalopoulos, G. K., Bowen, W. C., Mulè, K., & Luo, J. (2003). Padrões de expressão de genes induzidos por HGF, EGF e dexametasona durante a formação de tecido em culturas de organóides hepáticos. *Gene expression, 11*(2), 55-75.

Nagalski, A., & Kiersztan, A. (2002). Fisiologia e mecanismo molecular da ação dos glucocorticóides. *Postepy higieny i medycyny doswiadczalnej Online, 64*(1-5), 133-145. Obtido em http://linkinghub.elsevier.com/retrieve/pii/S0960076002002637

Nakabayashi, H., Koyama, Y., Sakai, M., Li, H. M., Wong, N. C., & Nishi, S. (2001). Glucocorticoid stimulates primate but inhibits rodent alpha-fetoprotein gene promoter. *Biochemical and Biophysical Research Communications, 287*(1), 160-172.

Oliver-Krasinski, J. M., & Stoffers, D. A. (2008). Sobre a origem da célula beta. *Genes & Development, 22*(15), 1998-2021. doi:10.1101/gad.1670808

Orive, G., Hernandez, R. M., Gascon, A. R., Igartua, M., & Pedraz, J. L. (2003). Controvérsias sobre a investigação em células estaminais. *Tendências em biotecnologia, 21*(3), 109-112. Retirado de http://linkinghub.elsevier.com/retrieve/pii/S0167779903000039

Orkin, S. H., & Zon, L. I. (2008). Hematopoiese: um paradigma em evolução para a biologia das células estaminais. *Cell, 132(4),* 631-644. Obtido de http://www.pubmedcentral.nih.gov/articlerender.fcgi?artid=2628169&tool=pmcentrez&rendertype=abstract

Peran, M., Marchal, J. A., Rodriguez-Serrano, F., Alvarez, P., & Aranega, A. (2011). Transdiferenciação: porquê e como? *Cell biology international, 35*(4), 373-379. Recuperado de http://www.ncbi.nlm.nih.gov/pubmed/21413928

Pour, P. M., Pandey, K. K., & Batra, S. K. (2003). Qual é a origem do adenocarcinoma pancreático? *Molecular Cancer*, *2*, 13. Obtido de http://www.pubmedcentral.nih.gov/articlerender.fcgi?artid=151686&tool=pmcentrez&rendertype=abstract

Rao, M. S., Dwivedi, R. S., Subbarao, V., Usman, M. I., Scarpelli, D. G., Nemali, M. R., Yeldandi, A., et al. (1988). Conversão quase total do pâncreas em fígado no rato adulto: um modelo fiável para estudar a transdiferenciação. *Biochemical and Biophysical Research Communications, 156(1),* 131-136. Obtido de http://www.ncbi.nlm.nih.gov/entrez/query.fcgi?cmd=Retrieve&db=PubMed&dopt=Citation&list_uids=3178826

Rao, M. S., & Reddy, J. K. (1995). Transdiferenciação hepática no pâncreas. *Seminários em Biologia Celular, 6*(3), 151-156. Obtido de http://www.ncbi.nlm.nih.gov/pubmed/7548854

Rao, M. S., Subbarao, V., & Reddy, J. K. (1986). Indução de hepatócitos no pâncreas de ratos depletados de cobre após a reposição de cobre. *Cell Differentiation, 18*(2), 109-117. Obtido de http://www.ncbi.nlm.nih.gov/entrez/query.fcgi?cmd=Retrieve&db=PubMed&dopt=Citation&list_uids=3513967

Scharfmann, R. (2000). Controlo do desenvolvimento precoce do pâncreas em roedores e humanos: implicações dos sinais do mesênquima. *Diabetologia, 43*(9), 10831092. Recuperado de http://www.ncbi.nlm.nih.gov/pubmed/11043853

Selman e Kafatos. (1974). Transdiferenciação na glândula labial de traças da seda: O DNA é necessário para a metamorfose celular. *Cell Differentiation.* Retirado de http://www.ncbi.nlm.nih.gov/pubmed/4277742

Shen, C N, Slack, J. M. W., & Tosh, D. (2000). Molecular basis of transdifferentiation of pancreas to liver (Base molecular da transdiferenciação do pâncreas para o fígado). *Nature Cell Biology, 2*(12), 879-887. Obtido de http://dx.doi.org/10.1038/35046522

Shen, Chia Ning, Horb, M. E., Slack, J. M. W., & Tosh, D. (2003). Transdiferenciação do pâncreas para o fígado. *Mechanisms of Development, 120(1),* 107-116. Retrieved from http://dx.doi.org/10.1016/S0925-4773(02)00337-4

Silberg, D. G., Sullivan, J., Kang, E., Swain, G. P., Moffett, J., Sund, N. J., Sackett, S. D., et al. (2002). A expressão ectópica de Cdx2 induz metaplasia intestinal gástrica em ratinhos transgénicos. *Gastroenterology*, *122*(3), 689-696. Obtido de http://linkinghub.elsevier.com/retrieve/pii/S0016508502533242

Slack, J M W. (2010). *Essential Developmental Biology, 2nd ed.* Blackwell. Recuperado de http://opus.bath.ac.uk/3633/

Slack, J. M., & Tosh, D. (2001). Transdiferenciação e metaplasia - tipos de células que mudam. *Current opinion in genetics development*, *11*(5), 581-586. Obtido de http://www.ncbi.nlm.nih.gov/pubmed/11532402

Slack, Jonathan M W. (2007). Metaplasia e transdiferenciação: da biologia pura à clínica. *Nature Reviews Molecular Cell Biology, 8*(5), 369-378. Obtido de http://opus.bath.ac.uk/3499/

Song, L., & Tuan, R. S. (2004). Potencial de transdiferenciação de células estaminais mesenquimais humanas derivadas da medula óssea. *The FASEB journal official publication of the Federation of American Societies for Experimental Biology*, *18*(9), 980-982. Retirado de http://www.ncbi.nlm.nih.gov/pubmed/15084518

Stanger, B. Z., Stiles, B., Lauwers, G. Y., Bardeesy, N., Mendoza, M., Wang, Y., Greenwood, A., et al. (2005). Pten constrains centroacinar cell expansion and malignant transformation in the pancreas. *Cancer Cell*, *8*(3), 185-195. Obtido em http://www.ncbi.nlm.nih.gov/pubmed/16169464

Thowfeequ, S., Myatt, E.-J., & Tosh, D. (2007). Transdiferenciação em biologia do desenvolvimento, doença e terapia. *Developmental dynamics an official publication of the American Association of Anatomists, 236*(12), 3208-3217. Recuperado de http://dx.doi.org/10.1002/dvdy.21336

Tosh, D., & Slack, J. M. W. (2002). Como as células mudam o seu fenótipo. *Nature Reviews Molecular Cell Biology*, *3*(3), 187-194. Recuperado de http://dx.doi.org/10.1038/nrm761

Tremblay, K. D., & Zaret, K. S. (2005). Populações distintas de células endodérmicas convergem para gerar o broto hepático embrionário e os tecidos do intestino anterior ventral. *Developmental Biology, 280(1),* 87-99. Recuperado de http://www.ncbi.nlm.nih.gov/pubmed/15766750

Wallace, K., Marek, C. J., Currie, R. A., & Wright, M. C. (2009). Transdiferenciação do pâncreas exócrino em hepatócitos - uma resposta fisiológica ao glucocorticoide elevado in vivo. *The Journal of steroid biochemistry and molecular biology, 116(1-2),* 76-85. Recuperado de http://www.ncbi.nlm.nih.gov/pubmed/19446026

Wolf, H. K., Burchette, J. L., Garcia, J. A., & Michalopoulos, G. (1990). Tecido pancreático exócrino no fígado humano: um processo metaplásico? *The American journal of surgical pathology.*

Yi, F., Liu, G.-H., & Belmonte, J. C. I. (2012). Rejuvenescimento do fígado e do pâncreas através da transdiferenciação celular. *Investigação celular, 22*(3), 453-6. doi:10.1038/cr.2012.14

Zaret, K S. (1996). Molecular genetics of early liver development. *Revisão Anual de Fisiologia, 58,* 231-251. Obtido de http://www.ncbi.nlm.nih.gov/pubmed/8815794

Zaret, Kenneth S, & Grompe, M. (2008). Generation and regeneration of cells of the liver and pancreas (Geração e regeneração de células do fígado e pâncreas). *Science, 322(5907),* 1490-1494. Recuperado de http://www.pubmedcentral.nih.gov/articlerender.fcgi?artid=2641009&tool=pmcentrez&rendertype=abstract

Zorn, A. M., & Children, C. (2008). Desenvolvimento do fígado. *StemBook, 1*, 1-26. doi:10.3824/stembook.1.25.1

Zulewski, H. (2008). Diferenciação de células estaminais embrionárias e adultas em células produtoras de insulina. *Panminerva medica, 50*(1), 73-79. Obtido de http://www.ncbi.nlm.nih.gov/pubmed/18427390

Printed by Books on Demand GmbH, Norderstedt / Germany